AIRBUS A380
AIRBUS

En pages précédentes : photo L. Theillet
En pages 142-143 : photo L. Theillet

 Ce livre a été imprimé par Pollina à Luçon (85).
La photogravure couleur est de Labogravure à Bordeaux (33).
ISBN : 2.87901.626.6 – Éditeur : 18181.04.08.01.06 – N° d'impression : L99100

La grande aventure de l'Airbus A380

De Germain Chambost

– *De Mermoz à l'ordinateur* (prix Louis Castex de l'Académie française), Mercure de France, 1972.
– *Les chevaliers de l'Apocalypse* (prix littéraire de l'Aéro-Club de France), Picollec, 1980.
– *Little Boy* (Hélice d'or), Lieu Commun, 1987.
– *Mirages au Tchad,* Picollec, 1991.
– *Pilotes Histoires authentiques,* avec Jean-Pierre Mithois, Altipresse, 2002.
– *Missions de guerre,* Altipresse, 2003.
– *Pilotes d'essais, Le goût du risque calculé,* Altipresse, 2005.

POÉSIE

– *Un bref instant d'éternité,* Nouvelles Éditions Debresse, 1993.
– *Fleurs de peau,* Éditions ARCAM, 2001.

Germain Chambost
avec Jean-Denis Renard

La grande aventure de l'Airbus A380

ÉDITIONS SUD OUEST

L'acheminement maritime des différents éléments de l'A380 fabriqués en Europe avant l'assemblage à Toulouse donne tout son sens au mot « aéronautique ». Carte Dominique Béraud

La construction d'Airbus ? Une histoire de « porte-avions », qu'il s'agisse du *Ville de Bordeaux* en haute mer, des barges ou des remorques tractées sur le grand itinéraire à travers Aquitaine et Midi-Pyrénées. Carte Dominique Béraud

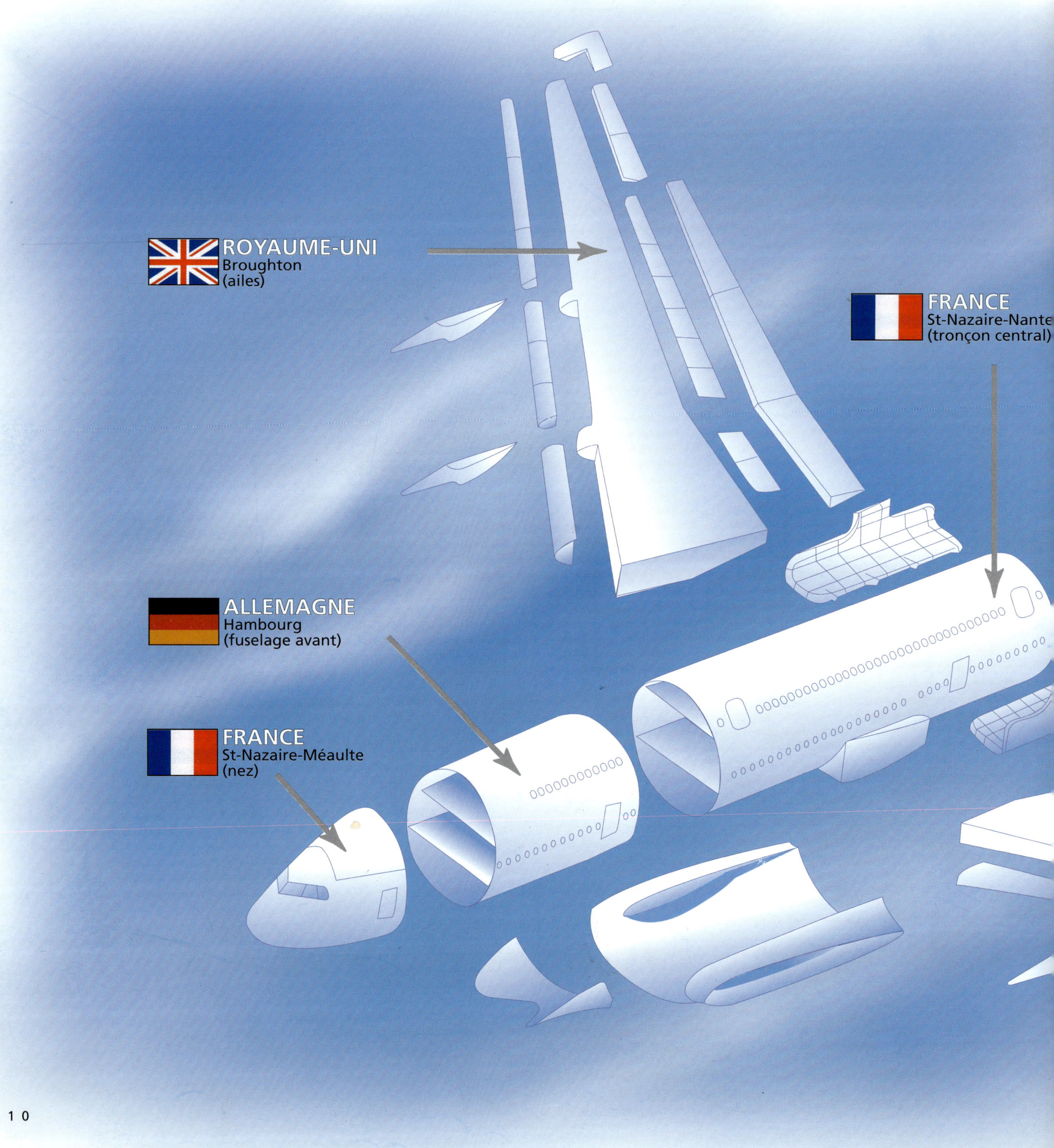
ROYAUME-UNI
Broughton
(ailes)
FRANCE
St-Nazaire-Nante
(tronçon central)
ALLEMAGNE
Hambourg
(fuselage avant)
FRANCE
St-Nazaire-Méaulte
(nez)

Le puzzle industriel représenté par ce schéma signifie que l'A 380, avant son assemblage à Toulouse, est en même temps fabriqué en Allemagne, sur les sites de Nordenham, Varel, Hambourg, Stade et Brême ; en France, à Méaulte, Saint-Nazaire et Nantes ; en Espagne à Getafe, Illescas et Puerto Real ; en Grande-Bretagne à Mostyn, Broughton et Filton. Mais dans chaque pays, beaucoup d'autres sous-traitants participent à l'aventure et acheminent leurs pièces vers les usines précitées qui réalisent les premiers assemblages. Certaines viennent même des États-Unis ! Quant aux moteurs, les fameux Rolls-Royce Trent 900 équipant les premiers appareils ont été mis au point au Royaume-Uni.

Schéma Dominique Béraud

Airbus A 380
Boeing 747
série 400 - ER
A380

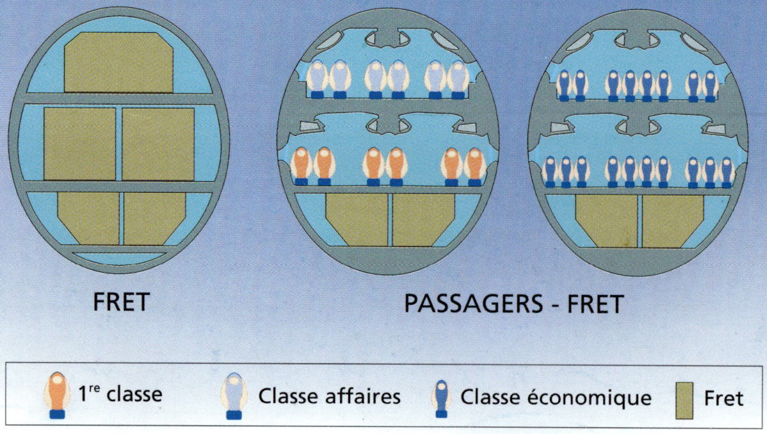
FRET
PASSAGERS - FRET
1re classe
Classe affaires
Classe économique
Fret

A 380 contre B-747

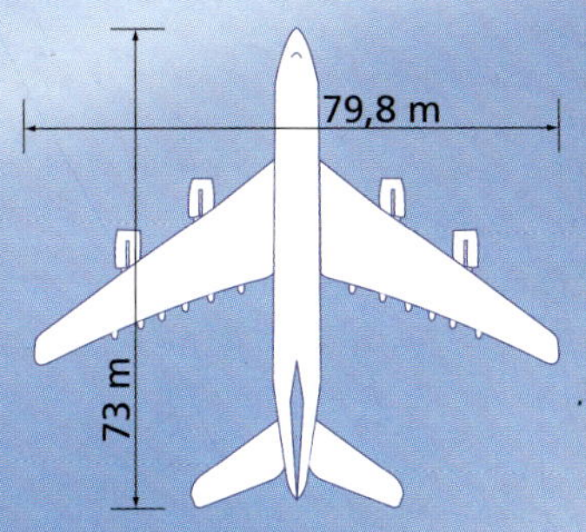

Airbus A 380		Boeing 747 série 400 - ER
24,1 m	Hauteur	19,4 m
de 550 à 850	Nombre de sièges	de 416 à 524
env. 15 000 km	Rayon d'action	env. 14 200 km
1080 km/h	Vitesse de croisière	910 km/h
560 tonnes	Poids maximum au décollage	412,7 tonnes

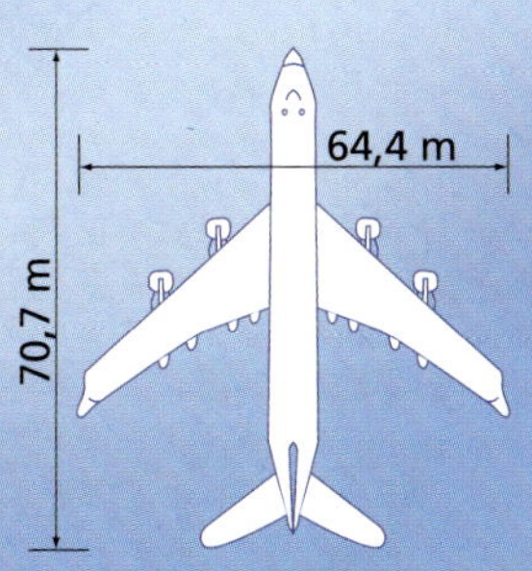

Schéma Dominique Béraud

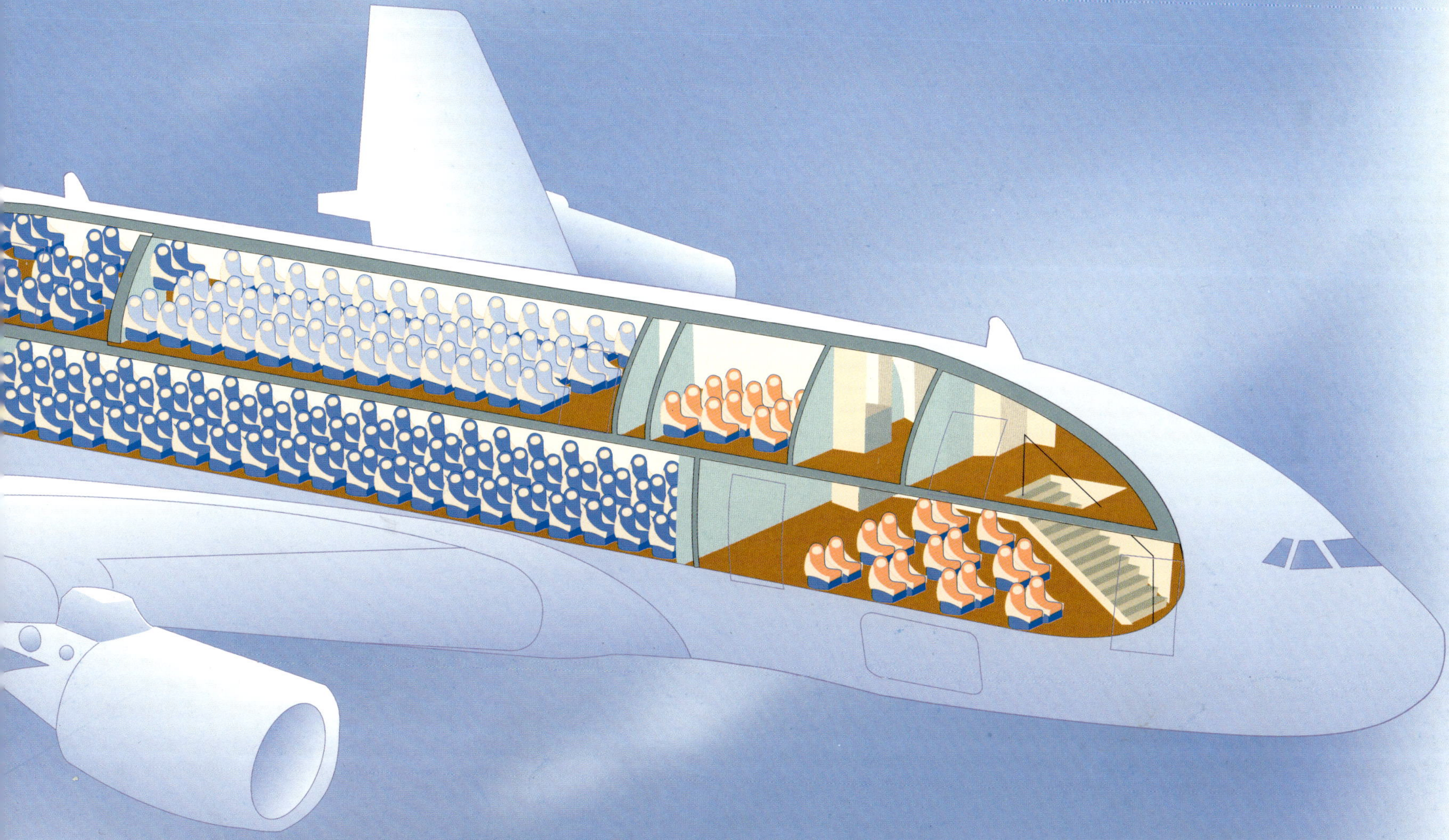

LA GRANDE AVENTURE géant

D'UN

DU CIEL

Photo L. Theillet

Chapitre 1

La grande aventure d'un géant du ciel

Un triple défi

CONCEVOIR, RÉALISER, METTRE EN SERVICE un avion capable de transporter jusqu'à 800 passagers : est-ce possible ? Est-ce possible, surtout, de manière rentable, on dirait aujourd'hui « profitable », pour les compagnies aériennes qui exploiteraient ce géant du ciel, le plus gros avion commercial jamais construit ? « Oui ! », ont répondu les Européens ! Ainsi est né l'Airbus A380, concrétisation d'un défi à la fois technique, économique et stratégique, les trois volets étant bien entendu étroitement liés.

L'idée a longuement mûri au sein de ce qui était encore le consortium Airbus Industrie, chargé de la vente des appareils produits par un GIE (Groupement d'intérêt économique) qui réunissait des industriels du Vieux Continent : Aérospatiale pour la France, DASA pour l'Allemagne, CASA pour l'Espagne, British Aerospace pour le Royaume-Uni. Dans la gamme des avions *made in Europe* qui concurrençaient les produits du constructeur américain Boeing et contestaient la suprématie de ce dernier, il manquait le gros porteur, l'équivalent du Boeing 747, d'une capacité d'un peu plus de 400 sièges en aménagement mixte : cabine de première classe, cabine de classe affaires et cabine de classe économique.

Avec le B-747, Boeing détenait depuis une trentaine d'années un véritable monopole. Largement amortie, la production du B-747 constituait une source de revenus permanents pour le constructeur américain, qui fixait à sa guise le prix de vente à ses clients ; et pouvait ensuite casser les prix des autres appareils de sa gamme, pour s'opposer aux produits équivalents d'Airbus Industrie ; ou se servait de ce modèle unique au monde comme « produit d'appel » pour inciter les nouveaux clients à choisir de préférence des avions Boeing, puisqu'il était le seul à pouvoir présenter une gamme complète, depuis le court-courrier d'une centaine de places jusqu'au long-courrier de grande capacité.

Or, pour les transporteurs aériens, la cohérence de leur flotte d'avions est source d'économies évidentes en termes de pièces de rechange, de procédures d'exploitation, de maintenance périodique et d'entretien courant. Sans parler des économies réalisées du fait de la spécialisation des personnels au sol, familiarisés avec un nombre restreint d'appareils du même constructeur.

Phares allumés même en plein jour, afin de faciliter le repérage des mouvements de l'avion, qu'il soit au sol ou en l'air, par le personnel… et par les oiseaux ! Photo C. Ena

Le 6 avril 2005, l'A 380 numéro 001 a été remis à la division des essais en vol d'Airbus, soit trois semaines tout juste avant le premier décollage... Photo C. Ena

Une stratégie de conquête : du militaire au civil

Airbus Industrie avait pourtant réussi à s'imposer, puis à conquérir une part significative du marché grâce à des innovations techniques qui étaient autant de petites révolutions. Base, là encore, d'économies pour les compagnies aériennes. La plus spectaculaire, celle en tout cas dont on a le plus souvent parlé, mais elle n'est qu'un exemple parmi d'autres, est évidemment l'introduction de commandes de vol électriques. Lesquelles – faut-il le rappeler – sont depuis longtemps utilisées sur avions de combat, où elles ont largement fait la preuve de leur efficacité et de leur fiabilité.

Comme souvent en haute technologie, les recherches et les réalisations dans le domaine de la Défense ont ouvert la voie à des applications civiles. On ne doit pas oublier d'ailleurs que les commandes de vol électriques ont aussi été utilisées sur un appareil comme le Concorde franco-britannique, même si c'était de façon partielle, sur l'une des commandes seulement, avec un système mécanique de secours, au cas où... Alors que sur les Airbus, elles sont employées seules, sur les trois axes, diront les spécialistes (tangage, roulis et lacet), et ont démontré leur parfaite maturité.

Mais pourquoi des commandes de vol électriques ? Pourquoi une telle innovation ? D'aucuns ont pu penser qu'il s'agissait seulement en l'occurrence de la concrétisation d'un « rêve d'ingénieur », comme si les techniciens d'Airbus Industrie disaient : « Nous le faisons puisque et parce que c'est possible ! Ne nous demandez pas en plus de justifier notre choix par des arguments rationnels !... » Ces commandes n'étaient-elles donc qu'une sorte de fantaisie technique, dont l'introduction dans les avions aurait de plus des conséquences sociales dramatiques ?

On a encore en mémoire les réactions violentes de certaines catégories de personnels navigants français, en l'occurrence les mécaniciens navigants, lorsque fut mis en service l'Airbus A320, le premier à être doté de ces commandes de vol électriques. Il est vrai que cette innovation-là, accompagnée du remplacement des cadrans classiques du tableau de bord par des écrans cathodiques, ce que l'on appelle le *glass cockpit*, littéralement le *cockpit* de verre, entraînait de manière inéluctable la disparition du métier de mécanicien navigant. La conduite d'un avion – de n'importe quel avion – s'en trouvait simplifiée au point qu'elle pourrait désormais être assurée par deux pilotes seulement. D'autres corps de métiers, par le passé, ont connu pareille révolution technique, qui s'est traduite par la disparition d'une fonction que l'on avait crue indispensable, inamovible.

Alors, oui, pourquoi des commandes de vol électriques ?

Sur un appareil classique, les ordres du pilote sur les commandes qu'il actionne avec ses mains et ses pieds sont retransmis aux gouvernes, surfaces mobiles situées sur les ailes et l'empennage arrière, par des moyens mécaniques, câbles et tringles. On imagine sans peine ce que cela peut générer comme complexité dans l'installation desdits câbles et tringles, en particulier sur des appareils de très grandes dimensions… Et ce, d'autant plus que ces « chaînes de commandes » doivent être, par sécurité, doublées voire triplées…

Avec les commandes de vol électriques, les ordres de pilotage sont convertis en impulsions électriques et transitent d'abord par des calculateurs. Ceux-ci prennent en compte les divers paramètres de vol, adaptent les ordres de pilotage et les envoient aux gouvernes. Les fils électriques remplacent câbles, poulies, renvois et tringles, avec un gain de poids considérable et une réduction tout aussi conséquente des frais d'entretien.

Long et important travail de simulation avant et pendant le stade de réalisation.
> L'A 380 est le premier à arborer la nouvelle livrée bleue d'Airbus.
> Même sur un écran, en image de synthèse, un profil impressionnant.
Photos Airbus

Surtout, il devient alors possible de mettre en place des automatismes qui simplifieront la conduite, et des protections qui empêcheront que l'avion se retrouve en situation dangereuse dans n'importe quelle phase de vol ; que ce soit à la suite d'une manœuvre erronée, ou de conditions extérieures délicates, notamment de nature météorologique. Le logiciel des calculateurs, correctement programmé, vient en aide au cerveau humain, prêt à parer ses éventuelles défaillances. L'équipage habituel, deux pilotes et un mécanicien navigant, peut de ce fait être réduit à deux pilotes seulement, comme déjà indiqué. Plus personne, aujourd'hui, ne s'étonne d'embarquer dans un avion transportant cinq cents passagers, voire davantage, pour une traversée transatlantique, sous la seule responsabilité d'une paire de pilotes. Et pourtant, quelle révolution…

Grâce aux commandes de vol électriques, au système de pilotage moderne, à l'électronique et à l'informatique de bord, il devient également possible de faire en sorte qu'un pilote soit qualifié sur plusieurs types d'avions, la qualification désignant son aptitude reconnue à la conduite de tel ou tel modèle d'aéronef, qu'il puisse indifféremment piloter un « petit » ou un « gros » Airbus, moyennant une très courte adaptation. Pour lui, les caractéristiques de chaque appareil seront en quelque sorte gommées par les calculateurs, et il pourra très vite se familiariser avec son nouvel avion.

Du coup, l'entraînement des pilotes peut même se réduire à des séances sur simulateur, un simulateur qui reproduit à la perfection le comportement d'un avion. Séances beaucoup moins onéreuses que leur équivalent en heures de vol, même si, à l'achat, un simulateur sophistiqué coûte le même prix qu'un avion, et éventuellement davantage. Car le fonctionnement d'un simulateur revient beaucoup moins cher, et il peut « tourner » vingt-quatre heures sur vingt-quatre, ou presque. Les pilotes se familiarisent donc sur simulateur avec les procédures normales ou d'urgence de la nouvelle machine, au point que l'on en vient à parler de qualification *Zero flight time*, c'est-à-dire sans entraînement en vol ! Or, la formation des équipages constitue l'un des postes les plus onéreux, en termes d'exploitation, pour une compagnie aérienne. Elle mobilise les pilotes pour de longues périodes, durant lesquelles ils continuent de percevoir leurs salaires, mais ne transportent ni passagers, ni fret ; et sont donc économiquement improductifs...

En ce domaine, Airbus Industrie a fait œuvre de pionnier, pour le plus grand bonheur des transporteurs aériens, dont un grand nombre a décidé de se détourner du constructeur américain et d'acheter européen...

Bon gré mal gré, Boeing a dû lui aussi abandonner les commandes de vol classiques et adopter les commandes de vol électriques sur ses modèles les plus récents, emboîtant le pas au constructeur européen, en ce domaine comme en d'autres. Car, encore une fois, le cas des commandes de vol électriques ne constitue qu'un exemple. Un exemple caractéristique de la stratégie du constructeur européen, poursuivie avec obstination : faire appel à des innovations techniques qui permettent d'offrir de larges possibilités d'économies aux compagnies aériennes ; et un meilleur confort aux passagers, les mouvements désagréables d'un avion qui subit de la turbulence atmosphérique pouvant être amortis par les commandes automatiques.

Le succès n'a pas été immédiat. Airbus est passé par des hauts et des bas. Rien n'était acquis d'avance. Gageons qu'au cours des trente-cinq dernières années, le doute a dû plus d'une fois effleurer, sinon tarauder, l'esprit de ses dirigeants. Nul n'a oublié les années noires où les ventes du consortium européen, qui s'appelait encore Airbus Industrie, se chiffraient sur les doigts d'une seule main. Voire les années de ventes... négatives, lorsque le nombre d'avions effectivement vendus se révélait inférieur à celui des annulations de commandes précédentes ! Mais, au bout du compte, le succès est venu, récompensant la persévérance des hommes et des femmes qui n'ont jamais perdu espoir de donner, de redonner à l'Europe une industrie aéronautique civile digne de ce nom.

Une gamme complète

> **Essai du réacteur Rolls-Royce Trent 900 sur un Airbus A 340 utilisé comme « banc d'essai volant ».** Photo Rolls-Royce

> **Montage du Trent 900.** Photo C. Ena

Il aura fallu trente ans pour que le succès s'affirme, sous l'impulsion de patrons comme Bernard Lathière, Jean Pierson, puis Noël Forgeard. Le constructeur européen s'est d'abord posé en simple concurrent du « géant de Seattle » (allusion à la localisation géographique de Boeing, la ville de Seattle, dans l'État de Washington, sur la côte Pacifique). Lequel géant ne prenait guère au sérieux ce petit Européen multinational qui prétendait construire des avions civils comme lui. Puis Airbus Industrie s'est enhardi jusqu'à déclarer qu'il entendait contester la suprématie de Boeing, resté seul sur le marché des avions commerciaux, après la disparition ou l'effacement de firmes comme Lockheed ou McDonnell Douglas. Avant de le rattraper, puis de le dépasser en nombre de ventes aux compagnies aériennes du monde entier, comme cela s'est produit en 2003.

Puis, encore en 2004, juste à la veille de la sortie officielle (au mois de janvier 2005) de l'Airbus A 380, un appareil destiné à compléter la gamme des avions produits sur le Vieux Continent. Cela afin de couvrir l'ensemble des besoins pré-

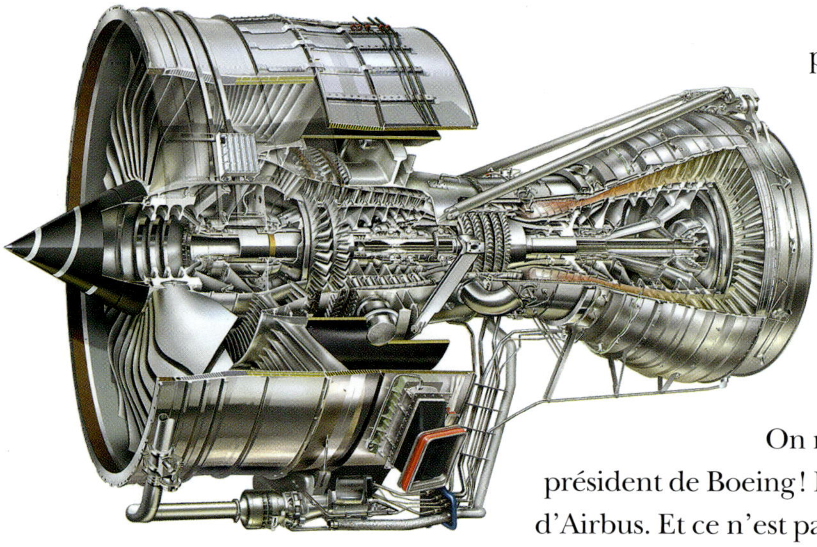

> Le profil des aubes de la « soufflante » du réacteur est un peu tourmenté, afin d'obtenir une efficacité maximum.

> L'air mis en mouvement par la « soufflante » enveloppe le réacteur et participe à la réduction du bruit.

Photos Rolls-Royce

visibles des transporteurs aériens. « Venez vers moi, peut dire aujourd'hui Airbus, je suis à même de répondre à tous vos desiderata, du plus petit avion jusqu'au plus grand. Venez vers moi, et vous ne serez pas déçus !.. »

Ayant abandonné le mot Industrie de son appellation initiale, puisque devenu entre-temps une société totalement intégrée, c'est-à-dire chargée non seulement de la commercialisation des avions, mais de leur réalisation, on comprend mieux pourquoi Airbus a tenu à célébrer avec quelque pompe la première présentation publique de son géant du ciel, le 18 janvier 2005 à Toulouse. Seule, en effet, une société totalement intégrée, débarrassée de son précédent statut bâtard, il faut bien le dire, pouvait se lancer dans un programme aussi ambitieux, le contrôler de bout en bout.

« Nous estimons que l'A 380 est un très gros avion pour un petit marché... », jugeait, un peu pincé, Randy Baseler, vice-président du *marketing* de Boeing, ce même 18 janvier, depuis Seattle. Baseler, tout en saluant la réussite technique que représente l'avion européen, estimait en effet que le marché d'un avion comme l'A 380 serait des plus restreints. « Ils ont 149 commandes à l'heure actuelle, il leur en faut 250 pour rentrer dans leur fonds. Ils y arriveront sûrement..., déclarait-il. Mais il est peu probable qu'ils gagnent autant d'argent avec l'A 380 que Boeing l'a fait avec le 747... » On ne peut qu'acquiescer, voire applaudir aux déclarations du vice-président de Boeing ! Par ses propos, Randy Baseler reconnaissait la réussite technique d'Airbus. Et ce n'est pas un mince compliment dans la bouche du représentant d'une société américaine qui, depuis un tiers de siècle, contestait systématiquement les capacités, les décisions et les programmes du constructeur européen. Qui le prenait de haut avec lui, jusqu'à ce que ce dernier le supplante.

Par son propos, Baseler cautionnait également les déclarations de Noël Forgeard, « patron » d'Airbus, qui, au départ du programme, chiffrait à 250 le nombre d'appareils à vendre pour que les actionnaires d'Airbus (les sociétés européennes) rentrent dans leur fonds, soit un investissement de 10,7 milliards de dollars US. C'est en effet le dollar américain qui est utilisé dans le secteur de la construction aéronautique civile. Quoi qu'il en soit, le montant a de quoi impressionner. On soupçonne d'ailleurs souvent les responsables d'un projet aussi ambitieux et aussi coûteux que l'A 380 d'enjoliver la réalité, de se montrer par trop optimistes en calculant et en présentant leurs prévisions financières. Manière d'emporter la décision des actionnaires ou des pouvoirs publics qui apportent leur soutien audit projet. Mais là, c'est le concurrent lui-même, Boeing, qui apporte sa caution aux prévisions d'Airbus !

Le chiffre des investissements cité a d'ailleurs toutes les chances, si l'on peut dire, d'être dépassé. Le développement de la version cargo, qui viendra compléter les différentes versions de transport de passagers, coûtera certainement plus cher que ce qui était initialement prévu. De même, les modifications effectuées sur l'avion, afin de satisfaire aux demandes de certaines compagnies aériennes pour réduire le niveau sonore de l'A380, en prévision de normes plus sévères qui risquent d'être édictées, ont grevé le devis de départ. Elles ont eu aussi, on le verra plus loin, des conséquences sur le plan technique.

Enfin, reconnaissait Noël Forgeard dès le mois de janvier 2005, le coût de certains systèmes de l'avion, de certains équipements, « a probablement été sous-estimé ». Entre 2000, année de lancement officiel du programme, et 2011, le dépassement pourrait atteindre 1,45 milliard d'euros (chiffre à convertir d'ici là en dollars, selon le cours du change qui prévaudra tout au long de cette période...). Rien à voir, cependant, avec le Boeing 777, dont le devis initial a été multiplié par trois ! Le chiffre des ventes d'A380 avant retour sur investissement sera donc certainement réévalué au cours

> Le réacteur Trent 900 a fait l'objet d'une longue mise au point au sol...

>... avec l'ensemble des équipements qui lui sont associés. Photos Rolls-Royce

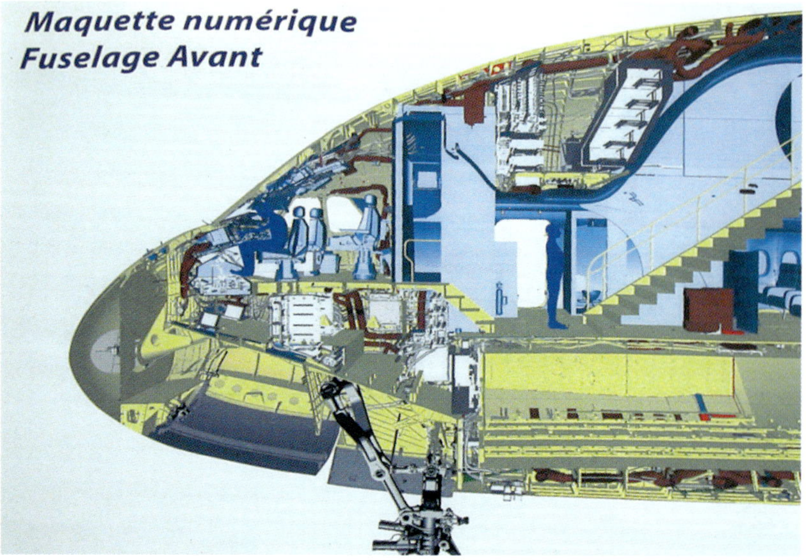

De la simulation à la réalisation: un long chemin parcouru.
> Dans les bureaux d'étude, l'écran d'ordinateur a remplacé la planche à dessin.

> Les pièces ainsi conçues «s'emboîteront» ensuite sans problème.
Photos J. Le Corre

du déroulement du programme. D'autant qu'il n'a pas de signification absolue, tout au plus représente-t-il un repère. Il n'est valable que si l'avion se vend à un rythme soutenu, une cinquantainc d'appareils par an, quatre appareils par mois, selon le plan de production établi par Airbus, les moyens mis en place en Europe et chez les coopérants extra-européens permettant de doubler ce chiffre sans problème. Que le rythme de quatre par mois baisse, que les ventes et les sorties d'avions s'étalent dans le temps, et le nombre d'appareils à vendre pour récupérer la mise augmentera inéluctablement…

Il est pourtant un point des déclarations de Randy Baseler qui mérite que l'on s'y attarde quelque peu. Ce dernier souligne qu'à son avis les Européens, avec l'A 380, gagneront beaucoup moins d'argent que Boeing avec son B-747. Peut-être, sans doute, a-t-il raison, puisque le monopole dont disposait jusque-là Boeing sur les avions à grande capacité lui permettait de fixer à sa guise le prix de vente, et d'en tirer le maximum de bénéfices, pour la plus grande satisfaction de ses actionnaires ! Mais c'est vouloir considérer le projet européen de manière autonome, comme un programme isolé ; vouloir le réduire à une sorte d'ambition quelque peu démesurée. Or, l'A 380 ne peut être « pesé » sur le seul plan comptable, car il constitue un élément essentiel, mais un élément seulement, de la stratégie globale d'Airbus.

Les bénéfices à en attendre ne sont pas uniquement ceux du programme lui-même. L'A 380 est conçu pour compléter la gamme des appareils commerciaux d'Airbus, pour asseoir définitivement la crédibilité du constructeur européen aux yeux des compagnies aériennes. Ses retombées se traduiront également, à n'en pas douter, par des ventes d'autres appareils Airbus, au nom de la « communalité » (appartenance à une même famille) et donc par un ralentissement des ventes de Boeing 747, privant de la sorte le constructeur américain d'une source de profit importante. Ces effets-là sont difficilement chiffrables.

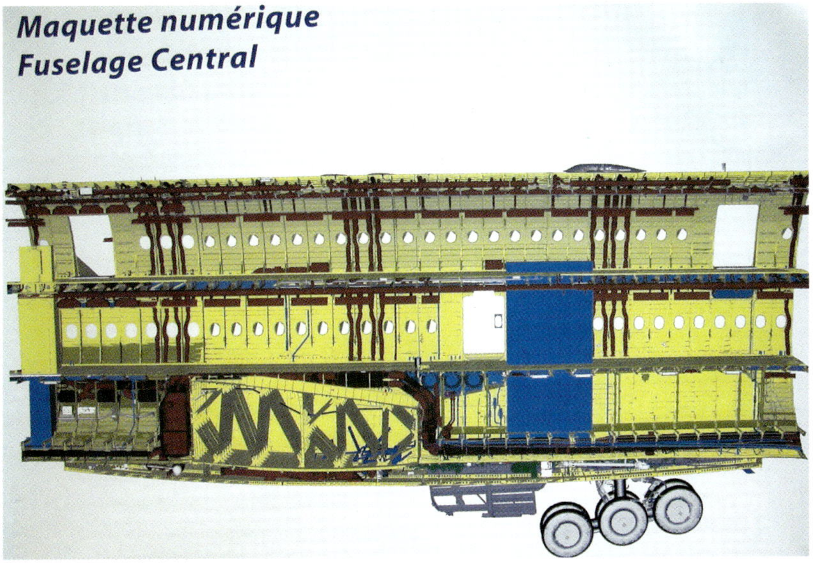

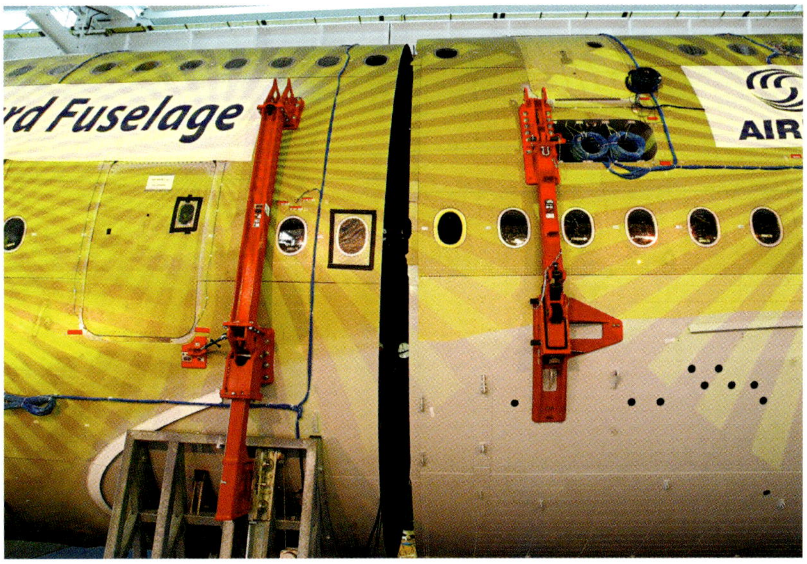

> Chaque tronçon du fuselage est dessiné dans les moindres détails. Photo J. Le Corre

> Les différents tronçons sont ensuite raccordés, guidés à l'aide d'un faisceau laser. Photo Sud Ouest

Stratégie et technique

Quand on parle de l'A380, il ne faut jamais oublier, mais au contraire dire et répéter, qu'en lançant le projet A3XX, baptisé officiellement A380 en 2001, le constructeur européen Airbus entendait d'abord compléter sa gamme d'avions civils, se mettre en position de disputer à son concurrent Boeing le monopole que celui-ci détenait sur les avions très gros porteurs avec le 747. Mais, pour séduire les compagnies aériennes, encore fallait-il leur proposer un appareil qui réponde à la demande du marché, telle du moins qu'on peut l'estimer à échéance de dix, vingt ans et même largement au-delà. La vie d'un avion commercial s'étend en effet sur une trentaine d'années au moins. Les constructeurs élaborent donc des stratégies à long terme, la technique leur permettant en principe d'y répondre dans les meilleures conditions possibles, avec des améliorations successives du produit initial.

Or, que disent les prévisions de trafic aérien ?

Les attentats du 11 septembre 2001, et les craintes qu'ils ont suscitées sur le plan mondial, se sont traduits par un net coup de frein dans l'activité des transporteurs aériens. Coup de frein amplifié par le ralentissement dû à une certaine morosité économique que l'on constatait depuis quelques années déjà. Le rythme de croissance du trafic de passagers, mais aussi du trafic de fret, a chuté. Variation cyclique bien connue dans le secteur de l'aviation commerciale, quelles que soient les causes auxquelles on peut l'attribuer. Baisse d'activité, stagnation, avant une reprise plus ou moins longue à venir. La reprise s'est déjà manifestée, assez timidement, en 2004.

Pour la première décennie du XXIe siècle, et jusqu'au milieu de la seconde décennie, les études de marché tablent sur une croissance en transport de passagers de 5 % par an. De plus, la situation démographique va continuer d'évoluer au niveau mondial. D'ici à 2020, seize villes dans le monde, dont une dizaine dans la zone Asie-Pacifique, compteront plus de 20 millions d'habitants. Tels sont en tout cas les chiffres fournis en 2003 par Peter Brown, vice-président d'Airbus. Pour Airbus, il s'agissait donc d'anticiper la

Question de poids…

L'aménagement intérieur de l'Airbus A 380, c'est-à-dire le nombre et les dimensions des sièges disponibles dans l'avion, variera bien évidemment d'une compagnie à l'autre. Mais certainement aussi en fonction de la localisation géographique de chaque utilisateur de ce géant du ciel, ce qui peut paraître plus curieux, *a priori*. Cela s'explique tout simplement par la morphologie des passagers que la compagnie aura à transporter. Un passager asiatique, dont le poids moyen ne dépasse pas 65 kilogrammes, peut aisément s'accommoder de sièges ordinaires. Il n'en va pas de même d'un passager occidental, notamment nord-américain, dont la moyenne de taille, volume et poids est très supérieure. Et cela se répercutera obligatoirement sur les performances de l'avion. Si l'on prend un A 380 à classe unique (économique) aménagé pour 800 sièges, une différence de 15 kilogrammes en plus par passager se traduira par un supplément de 12 tonnes de charge ; donc une augmentation de la consommation de carburant et de possibles limitations dans l'emport d'autres charges marchandes, comme le fret par exemple, pour les appareils décollant au poids maximum autorisé…

Ce problème de la surcharge pondérale commence d'ailleurs à préoccuper les compagnies aériennes et les autorités. Une étude américaine établit ainsi un lien direct entre l'augmentation du poids moyen des passagers, qui ne cesse de croître, et une hausse de la consommation des avions. Les chercheurs de différents centres de contrôle et de prévention des maladies *(Centers for Desease Control and Prevention)* ont établi que le surpoids des passagers a provoqué une surconsommation de quelque 1,3 milliard de litres de carburant durant les années 1990, pour les compagnies américaines. Avec, comme autre conséquence, le rejet dans l'atmosphère de 3,8 millions de tonnes de dioxyde de carbone supplémentaires, d'où des répercussions sur l'environnement. Alors que les constructeurs d'avions cherchent, dans toute la mesure du possible, à alléger la masse structurale de leurs appareils afin de diminuer les coûts d'exploitation, leurs efforts sont ainsi contrebalancés par le poids des passagers de certaines zones de la planète…

croissance du trafic et de prendre en compte la nouvelle donne démographique. D'autant que l'engorgement des grands aéroports rend difficile l'accueil d'un plus grand nombre d'avions sur les plates-formes aéroportuaires, tout comme la saturation du ciel dans certaines régions du globe qui limite les possibilités du trafic aérien. Conclusion : seuls des appareils de plus grande capacité seront capables de faire face à la situation qui prévaudra dans dix, quinze, ou vingt ans.

On verra plus loin que Boeing ne partage pas une telle analyse du marché, qu'il la conteste même entièrement. Ce qui l'a conduit à lancer le programme du biréacteur 787 *Dreamliner* (l'avion de ligne rêvé) de moyenne capacité, soit 200 à 300 places, selon les versions envisagées...

Dans sa première version, celle de base, l'A380, lui, était conçu pour emporter 555 passagers dans une configuration à trois classes : classe touriste, classe affaires, première classe, sur des distances pouvant atteindre 7650 milles nautiques. Chiffre qui sera ensuite porté à 8000 milles nautiques (quelque 14800 km), à la demande de certaines compagnies, le projet initial ayant fait l'objet d'adaptations ultérieures pour justement répondre aux desiderata des acquéreurs.

Dans cette même configuration à trois classes, le Boeing 747-400, version la plus évoluée de l'avion américain concurrent, n'emporte « que » 412 sièges, sur des distances de 7100 milles nautiques seulement. Boeing a bien envisagé un moment de développer une version de capacité accrue, mais y a finalement renoncé. Provisoirement ? Définitivement ? Qui le sait ? Un projet de cette sorte souffre d'un handicap indubitable : le Boeing 747 est le fruit d'une technologie qui date, vieille de trente et quelques années, à laquelle on peut certes apporter des améliorations, mais avec laquelle il est difficile, voire impossible, d'innover de manière radicale.

Ce qu'a voulu faire Airbus avec l'A380. Objectif déclaré, affirmé, proclamé à maintes reprises : le coût d'exploitation de l'A380 sera de 17 % inférieur à celui du Boeing 747-400, dernier-né de la lignée des 747. En termes professionnels, le coût au siège/kilomètre, unité de mesure utilisée pour évaluer le « rendement » d'un avion commercial, serait réduit de 17 %. De quoi faire saliver les patrons des compagnies aériennes.

Équipé de quatre moteurs de toute dernière génération, fournissant chacun une poussée de 70000 livres (plus de 32 tonnes), qui pourra être augmentée par la suite, l'A380 répondrait aux exigences les plus rigoureuses de respect de l'environnement, que ce soit en matière de bruit autour des aéroports ou de pollution atmosphérique par les oxydes d'azote issus de la combustion du kérosène. Il mériterait alors sans conteste le titre de *Green Giant*, le « Géant vert », que lui attribue parfois Airbus dans ses documents de présentation, avec ce chiffre propre à séduire le bon public et les écologistes, comme les patrons des compagnies aériennes : moins de trois litres de carburant consommés pour transporter un passager sur 100 kilomètres !

Les halls de montage sont à la dimension du géant. Photo J. Le Corre

CI-CONTRE
Pistes et chemins de roulement supporteront les 560 tonnes de l'avion à pleine charge. Photo C. Ena

Trente années d'Airbus, et des fuselages de plus en plus gros. Photo J. Le Corre

«Le plus beau bureau du monde...», disent les pilotes: les écrans à cristaux liquides remplacent aujourd'hui les cadrans de naguère et les manuels de vol aux innombrables pages!

— Photo Airbus

Pour obtenir de telles performances, outre des réacteurs peu gourmands en kérosène, outre une aérodynamique sophistiquée, avec des ailcs très fines, il convenait d'alléger au maximum l'avion: de réduire son poids à vide avant remplissage des réservoirs et embarquement du fret dans les soutes, comme des passagers et de leurs bagages en cabine. Plus un véhicule est lourd, plus il consomme, qu'il soit terrestre ou aérien. Les automobilistes le savent parfaitement. Le poids à vide est la hantise des constructeurs d'avions. Ainsi, lors de l'élaboration du projet, le poids total en charge au décollage avait-il été fixé à 540 tonnes, avec un poids à vide de quelque 277 tonnes. À titre de comparaison, le Boeing 747-400, au décollage, ne pèse «que» 397 tonnes...

Là se situait le grand défi, à tout le moins l'un des grands défis techniques du projet Airbus A380 dès sa conception, dès les premières études de faisabilité, vers le milieu de la décennie 1990. C'est en effet à cette époque qu'Airbus Industrie avait commencé à travailler sur un projet de quadriréacteur à grande capacité, qui reprendrait les études préalablement réalisées par les ingénieurs français d'Aérospatiale ou allemands de Deutsche Airbus. La capacité de ces paquebots des airs imaginés de part et d'autre du

Rhin allait de 600 à 800 passagers, la masse maximum au décollage, de 450 à 550 tonnes, la distance qu'ils pourraient franchir, de quelque 7000 km à près de 13000 km. Mais déjà, tous faisaient appel à des matériaux nouveaux, afin d'alléger au maximum le futur géant, dont la forme du fuselage variait du plus simple, fuselage circulaire, au plus sophistiqué, en forme de trèfle : large à la base, étroit au sommet.

Appel aux composites

En mai 1994, le projet se précise. Nom de code : A3XX. Le nombre de passagers répartis en trois classes avoisinera 550. Le fuselage sera rond. Il comportera deux ponts pour les passagers, au-dessus d'une soute conçue pour y loger le plus grand nombre possible de conteneurs de fret. Les bureaux d'études se sont mis d'accord sur la longueur du fuselage, l'envergure des ailes et sur la masse au décollage. Laquelle continuera de croître au fil des années suivantes, pour répondre aux demandes des compagnies aériennes, mais en gardant toujours comme principale préoccupation une masse à vide qui permette de tenir les engagements contractuels vis-à-vis des futurs clients… qui, alors, restent à conquérir. Et à séduire.

Pour parvenir à ce résultat, Airbus a décidé de faire appel aux toutes dernières technologies, notamment pour ce qui concerne la structure du A3XX, le fuselage, les ailes, l'empennage (la queue de l'avion). Les matériaux composites répondent à l'impératif catégorique qui demeure le *leitmotiv* des constructeurs d'avions commerciaux : réduire la masse à vide ! On fera donc appel à eux, partout et chaque fois que ce sera possible.

Là encore, rendons à César ce qui appartient à César : les composites sont directement issus de la recherche militaire. Ce ne sont pas les industriels aquitains du secteur de la Défense qui diront le contraire, eux dont la compétence en la matière est aujourd'hui unanimement reconnue, y compris et surtout à l'étranger. L'équation est toujours la même. Pour accroître les performances d'un missile stratégique, il faut réduire le poids de l'enveloppe qui contient les propergols du propulseur. Si l'enveloppe est réalisée en métal, elle pèse lourd ; beaucoup moins si on la fabrique en fibres de verre enrobées de résine. Idem pour les tuyères des fusées : lourdes en métal, beaucoup moins en composite carbone, qui possède

Le premier « deux-ponts »

Le premier avion commercial « à étage » a été conçu et fabriqué à Villacoublay par la société Bréguet. Propulsé par quatre moteurs Snecma 14 R de 1600 chevaux, il s'était montré capable de recevoir, dès son vol d'essai en 1949, plus de 100 passagers ou 16 tonnes de fret. Très apprécié par les compagnies assurant des liaisons avec l'Afrique, il comportait dans les versions les plus utilisées 59 sièges en classe touriste à l'étage supérieur et 42 sièges de deuxième classe au pont inférieur. Ceux-ci pouvaient être éventuellement repliés pour permettre l'embarquement, sur certains trajets, d'automobiles ou de marchandises diverses. Baptisé *Provence* le 26 mars 1953 lors d'un vol inaugural du Bourget à Maison-Carrée (près d'Alger), le premier appareil avait été livré à Air France, qui en avait commandé douze. Il fut peu à peu détrôné par « la Caravelle ».

Des bâtis en étages permettent aux compagnons de travailler à chaque niveau de l'avion. Photo J. Le Corre

en outre la propriété de résister à la chaleur que dégagent les propergols en combustion. Seul inconvénient : les composites coûtent cher. Mais lorsqu'il s'agit de mettre sur pied une force de dissuasion nucléaire, les pouvoirs publics sont prêts à consentir les investissements nécessaires. Ce qui a été fait.

Peu à peu, l'usage des composites trouve des débouchés hors du secteur militaire. D'abord sur les lanceurs spatiaux civils, comme Ariane, mais pas seulement. En aéronautique, leurs caractéristiques les rendent particulièrement performants sur les systèmes de freinage. Puis on commence à les employer pour la fabrication des structures elles-mêmes. On fabrique des gouvernes, les surfaces mobiles qui permettent de diriger l'avion, en composite carbone, comme sur le Mirage 2000 de Dassault Aviation. Puis des ailes, sur les avions de combat : le revêtement de la voilure du Rafale est composé de panneaux en carbone. Ou les avions d'affaires. Puis des parties fixes sur les gros avions civils, après qu'une longue utilisation sur les appareils militaires, dans des conditions d'emploi difficiles, ou sur les appareils civils de taille relativement petite, ait permis de démontrer leur fiabilité.

> Afin de respecter le devis de masse, on a fait appel à des alliages nouveaux et aux matériaux composites (usine de Pau). Photo A. Guilhot

> Le défi : obtenir une parfaite résistance et une masse la plus faible possible (usine de Saint-Nazaire). Photo J. Le Corre

Leurs avantages ?

Ils sont plus légers que les alliages métalliques, insensibles à la corrosion, résistants à ce que l'on appelle la « fatigue », endommagement d'une pièce à la suite d'efforts de faible intensité, mais répétitifs. Autant de qualités qui les rendent fort séduisants aux yeux des responsables de l'entretien des avions… et des dirigeants d'une compagnie aérienne. Même s'ils se prêtent plus malaisément que les alliages métalliques à des réparations partielles, et sont plus difficiles à usiner, même si leur prix est encore élevé, leurs atouts font qu'ils sont de plus en plus largement utilisés.

Personne, aujourd'hui, ne s'étonne donc plus d'apprendre que les grandes dérives, la partie verticale de la queue d'un avion, sont fabriquées en composites carbone ; ou certaines gouvernes ; ou même des parties internes de la structure de l'aile, comme les nervures.

Avec l'A 380, Airbus va encore plus loin.

Le constructeur européen innove en décidant de fabriquer une bonne partie de ce que l'on désigne comme le caisson central de voilure (voilure : autre nom pour désigner la totalité des ailes) avec ce même composite carbone. Cela ne s'était encore jamais fait pour un avion civil. Le caisson central est la pièce qui, dans le fuselage, se trouve à la jonction des deux ailes. Mesurant 6,9 mètres de long, 7,88 mètres de large, 3,93 mètres de haut, pesant plus de 11 tonnes, sur l'A 380, il contient un réservoir de carburant. Mais surtout, c'est lui qui encaisse les contraintes transmises par les ailes en vol, soumises aux forces aérodynamiques qui ont pour effet de les tirer vers le haut. Des contraintes dont on a une idée quand on sait que la déflexion de chaque aile, la différence entre la position de l'extrémité de l'aile au repos et sa position en vol de croisière, dépasse 4 mètres sur l'Airbus A380.

Le chiffre a de quoi couper le souffle au passager qui embarque dans un tel appareil. Il indique seulement que l'aile travaille en souplesse, comme sur n'importe quel avion. Simplement, sur le dernier-né d'Airbus, l'aile est plus grande, puisque l'envergure, de bout en bout, avoisine 80 mètres. Elle a en effet été calculée pour être utilisée sur les versions ultérieures de l'avion, avec un fuselage plus long et une capacité accrue. Dans ces conditions, pas question de vouloir à tout prix maintenir la rigidité de la voilure. Elle réclamerait un mode de construction incompatible avec un devis de masse acceptable. D'ailleurs, sur certains avions, les bombardiers américains B-52 entre autres, la déflexion est autrement plus importante, les ailes s'incurvant littéralement vers le haut.

> Les panneaux des planchers sont fabriqués en matériaux composites, avec une structure centrale en nid-d'abeilles. Photo Sud Ouest

> Le tout sera capable de supporter le poids de centaines de sièges et de passagers. Photo J. Le Corre

Résistance aux chocs…

C'est que, sur l'A380, la déflexion est réduite grâce à une « astuce », si l'on peut dire. Encore une innovation des bureaux d'études d'Airbus. Des réservoirs de carburant ont été placés en bout de chaque aile. Après le décollage, alors que l'avion gagnera de la vitesse, que les contraintes s'amplifieront et iront vers leur maximum, deux tonnes de kérosène seront transférées de chaque côté, et joueront le rôle de contrepoids. La résistance du caisson central de la voilure a donc pu être calculée en prenant en compte l'ensemble de ces paramètres. Alliages métalliques et composites y font bon ménage, puisqu'en termes de masse, 40 % du caisson central de voilure sont réalisés en composites à fibres de carbone.

Les composites sont encore largement utilisés pour la construction des ailes et des gouvernes qui leur sont associées ; ou encore pour celle des empennages à l'arrière du fuselage, qui portent les gouvernes de direction et de profondeur, sans oublier certains tronçons du fuselage.

C'est bien simple : au bilan, les composites représentent un quart de la masse structurale de l'avion. Seul bémol à leurs qualités déjà signalées : les composites résistent assez mal aux impacts d'objets étrangers… ou d'oiseaux. Or, les avions disputant à ces derniers la libre disposition de l'atmosphère, en tout cas dans les basses couches, ce genre de rencontres se produit assez fréquemment, notamment aux environs des aéro-

À ce fuselage il ne manque à l'avant que le «jabot» fabriqué par Potez Aéronautique, qui le livre à EADS Socata. Photos Sud Ouest

ports. Au point que les responsables de la sécurité sur les aérodromes se préoccupent très sérieusement de trouver les moyens adéquats pour éloigner les volatiles des grands espaces dégagés qui entourent les pistes et constituent un lieu rêvé de séjour et de repos pour les bêtes à plumes.

Quoi qu'il en soit, ce risque ne peut être négligé. Pas question, donc, de faire appel aux composites pour fabriquer des pièces susceptibles de recevoir ce genre de choc en vol. Les bords d'attaque, à l'avant des pièces en composites, sont donc réalisés en métal.

À moins que…

À moins qu'un composite offre une résistance particulière, *a priori* inattendue, et donc d'autant plus heureuse pour les ingénieurs. Tel est précisément le cas avec le « glare » (GLAss fiber REinforced aluminium), qui désigne un composite à base de fibres de verre et d'aluminium, disposées en couches superposées, et de résine époxy. Il est utilisé pour la première fois sur l'A380, pour réaliser la partie supérieure du fuselage, soit 380 mètres carrés au total. Le glare (il faudra désormais se familiariser avec ce nouveau nom) est le

fruit des recherches menées notamment en Hollande, au sein du département aéronautique de l'université de Delft, reprenant des travaux plus anciens de la société de construction aéronautique Fokker.

La fabrication démarra vers le milieu des années 1980. Le glare a été employé sur certains modèles d'Airbus, par exemple le A310, dès 1999, mais pour des éléments non vitaux, comme le plancher de la soute cargo. Pour faire court, disons qu'il présente les qualités habituelles des composites, en particulier sa légèreté par rapport aux alliages d'aluminium, mais qu'il se travaille et se répare comme le métal, et offre une bien meilleure résistance au feu que l'aluminium ou les autres composites connus ; et une meilleure résistance aux chocs aussi. Cette dernière particularité n'a été mise en évidence que tout récemment. Au point que les responsables du A380, engagés dans leur programme de chasse aux kilos superflus sur l'avion, ont même décidé de faire appel à lui pour fabriquer le bord d'attaque de la dérive verticale. Quelques dizaines de kilos de gagnés sont toujours bons à prendre.

Il peut sembler curieux aux non-initiés que les constructeurs d'un avion comme l'A380 se préoccupent autant de la résistance aux chocs, mais leur souci est loin de relever de l'anecdote ou d'une lubie d'ingénieur. Au cours des quarante dernières années, plusieurs catastrophes aériennes ont pu être imputées à des oiseaux qui ont percuté un

Le fuselage central est assemblé à l'usine d'Airbus France à Saint-Nazaire (Loire-Atlantique), où convergent les divers éléments à réunir. Photo J. Le Corre

EN PAGES SUIVANTES

Pour diriger le mastodonte au sol, les deux roues avant s'orientent, mais aussi les deux boggies de six roues, chacun situé sous le fuselage. Ceci afin de réduire les efforts latéraux dus au ripage des pneus, lorsque l'avion vire sur un chemin de roulement ou sur la piste. Photo L. Theillet

AIRBUS A380
AIRBUS

L'assemblage de l'A 380 s'effectue « à poste fixe », sans que l'avion ait à bouger : les éléments à mettre en place sont amenés vers lui. Il y a trente ans, les Airbus au montage étaient déplacés de poste à poste, quatre au total. Le poste fixe permet un gain de temps substantiel. Photo L. Theillet

17 T

avion, 79 avions civils ont été perdus de ce fait, avec au total des centaines de morts. Or, M. de Chabannes, seigneur de La Palice, n'aurait pas dit autre chose : « plus un avion est gros, plus il court le risque de rencontrer un oiseau en vol ! »

Une importante exposition

De par ses dimensions, l'A 380 est de ce fait plus exposé que tous ses prédécesseurs. Il pose donc des problèmes particuliers d'exploitation. Y compris et même surtout par ses réacteurs, d'un diamètre imposant : le Trent 900, du motoriste britannique Rolls-Royce, qui équipera entre autres les A 380 de cinq des huit premières compagnies aériennes à avoir passé commande de l'avion, a un diamètre sensiblement égal au fuselage d'un Airbus A 320. La « soufflante », l'espècc de grande hélice à multiples pales qui se trouve à l'avant du réacteur, mesure pas moins de 116 pouces, soit près de 3 mètres ! Un bel aspirateur pour les volatiles dont la trajectoire croisera celle de l'avion : au décollage, chaque moteur aspire 1,25 tonne d'air par seconde ! Chiffres sensiblement équivalents sur l'autre modèle de réacteur du A 380 (chaque compagnie choisit celui qu'elle préfère), le GP 7200 d'Engine Alliance, association formée par les deux motoristes américains General Electric et Pratt & Whitney.

La phase de décollage, lorsque les réacteurs tournent à plein régime, constitue un moment particulièrement critique. Plus critique *a priori* que la phase d'approche et d'atterrissage, durant laquelle l'avion vole à une vitesse réduite et à puissance moins élevée. Dans les conditions du décollage, le moindre oiseau peut se transformer en projectile capable d'endommager, voire de faire exploser le réacteur, ou peut aller percuter telle ou telle partie de l'avion, occasionnant des dégâts plus ou moins graves. Les éléments sensibles doivent donc être conçus pour encaisser de tels chocs.

Une attention particulière a été portée à cette question sur l'A 380, qui a été soumis, comme les autres appareils, à des tests sévères de résistance avant la mise en service commerciale de l'avion. Ces tests, on le sait, sont effectués grandeur nature sur les avions et les réacteurs grâce à ce que l'on appelle des canons à poulets. Le terme dit bien ce qu'il veut dire : des oiseaux morts, que les âmes sensibles se rassurent, sont projetés à grande vitesse sur les pièces à tester, afin de mesurer leur résistance aux impacts. Si elle apparaît comme douteuse, les parties sensibles sont renforcées.

Chaque avion, pour être certifié, c'est-à-dire reconnu apte au transport de passagers, doit répondre à des normes sévères. Normes internationales, admises par tous. Ainsi, la structure de l'avion doit être capable de supporter les impacts d'oiseaux de 1,850 kilogramme à la vitesse de croisière de l'aéronef (quelque 800 km/h).

Latécoère embarque sur l'A 380 et le B-787

Fondée en 1917, la société toulousaine Latécoère est spécialisée dans la conception et la fabrication de tronçons de fuselage, de portes et de systèmes de câblage pour avions civils et militaires. Pour l'A 380, elle réalise la partie inférieure de la pointe avant à Gimont, dans le Gers, itinéraire de la nouvelle route aménagée jusqu'à AéroConstellation. Latécoère est ausi chargé de fournir les portes du pont supérieur, les meubles électriques et un système vidéo de guidage de l'avion au sol (sur cet avion de grandes dimensions, des caméras extérieures, avec projection dans le poste de pilotage, aident les pilotes pour les déplacements au sol).

Latécoère a tiré parti des succès d'Airbus et noué des partenariats qui lui permettent aujourd'hui d'être présent dans plusieurs grands programmes internationaux. C'est ainsi qu'en novembre 2004, la société a été sélectionnée par Boeing pour la fourniture des portes de passagers du futur Boeing 787. La sélection d'un fournisseur français pour une partie de la structure est une première.

CI-CONTRE

> Cet avion-là n'est pas destiné à voler, il servira pour les essais statiques au sol. Photo Airbus

> Le hall Jean-Luc Lagardère est conçu pour pouvoir assembler quatre avions par mois dans un premier temps, mais cette capacité pourrait être facilement doublée, si le succès du programme A 380 se confirmait. Photo Sud Ouest

La perspective est trompeuse : le plan fixe horizontal, qui porte les gouvernes de profondeur et permet de commander la montée, la descente, ou de maintenir l'avion en vol stabilisé, a une surface équivalente à celle des ailes de l'A 320, le « petit frère » du géant du ciel ! Photo L. Theillet

Des rampes et des ponts permettent aux compagnons de gagner les magasins de pièces et d'outillages, dans cette usine à plusieurs étages. Photo L. Theillet

En phase de montage final, l'avion apparaît encore « brut d'assemblage », révélant ainsi les divers matériaux utilisés. Photo Sud Ouest

Pour les réacteurs, on distingue deux cas précis, deux catégories d'oiseaux. Les oiseaux dits moyens, qui volent en groupes importants et peuvent de ce fait affecter plus d'un moteur lors d'une rencontre et les oiseaux lourds, les solitaires, qui n'endommageront *a priori* qu'un seul réacteur.

Pour les oiseaux moyens, les normes de certification imposent que chaque moteur soit capable de fournir après impact avec les volatiles au moins 75 % de la puissance de décollage, et ce, durant vingt minutes minimum, afin que l'avion puisse regagner un aérodrome en toute sécurité. Pour l'oiseau lourd, les normes imposent que le comportement du moteur ne mette pas en danger l'intégrité de l'avion, que l'impact ne déclenche ni incendie ni éclatement. En revanche, on admet que le moteur touché puisse être arrêté, puisque tout avion multimoteur est conçu pour pouvoir voler avec un moteur coupé (voire deux, sur un appareil quadriréacteur).

Tout événement de ce genre coûte cher, on s'en doute, à la fois en termes matériels (remplacement du ou des réacteurs) ou commerciaux (annulation du vol). Et ce type d'incidents n'est pas rare. À titre d'exemple, on enregistre en France, chaque année, quelque 700 « rencontres » entre des oiseaux et des avions, dont 15 % donnent lieu à des dommages plus ou moins importants, qui se chiffrent parfois en millions d'euros ou ont des incidences sur le trafic.

Le bâton de lumière

Depuis 1989, la prise en compte du « péril aviaire » a conduit à la mise en place d'une réglementation en France. Les gestionnaires d'aérodromes sont donc astreints de mettre en place des mesures de prévention. Faute de quoi, ils risquent d'être tenus pour responsables des incidents et les compagnies aériennes sont susceptibles de se retourner contre eux, s'il est prouvé que lesdites mesures n'ont pas été prises. Ces dernières visent d'abord à supprimer ce qui peut constituer un attrait pour les oiseaux : cultures, proximité d'une décharge publique, etc. De manière plus active et quotidienne, elles visent surtout à effaroucher les oiseaux qui se posent au voisinage des pistes, ou sur celles-ci, et à les faire s'éloigner. Tirs de fusées détonantes ou crépitantes, diffusion de cris de détresse en fonction des espèces de volatiles, tirs au fusil de chasse sur les espèces autorisées, bruiteurs implantés le long des pistes, rien n'est négligé. La fauconnerie a été expérimentée il y a une vingtaine d'années sur les aérodromes de Toulouse-Blagnac et de Paris-Charles-de-Gaulle, mais elle s'est avérée très coûteuse. De plus, si l'un des rapaces utilisés provoque lui-même un incident, c'est le gestionnaire qui sera impliqué ! Elle n'est donc plus employée que sur les bases aériennes de l'armée de l'air, notamment sur la grande base d'Istres, dans les Bouches-du-Rhône, qui abrite des avions militaires, mais également le Centre d'essais en vol français.

Un passage à l'atelier de peinture confère à chaque avion son « look » définitif. Photo C. Ena

Parallèlement, les services spécialisés des autorités de l'aviation civile se préoccupent de perfectionner les moyens actuels, afin de réduire encore le nombre des rencontres.

On en est maintenant au laser.

Des essais effectués en 2004 sur l'aérodrome de Montpellier, situé en zone côtière, et qui recense à lui seul 10 % des collisions entre avions et oiseaux enregistrées chaque année en France, ont prouvé son efficacité. Un faisceau laser de 20 centimètres de diamètre balayant la piste à intervalles réguliers, et jouant en quelque sorte le rôle d'un bâton de lumière, est capable d'effrayer les oiseaux, de les dissuader de se poser, de les inciter à s'éloigner. Sans dommage pour eux, ni inconvénient pour les pilotes, les contrôleurs aériens ou les employés au sol. Y compris pour les personnels qui, comme les militaires, pilotes ou fantassins, emploient des jumelles de vision nocturne à intensification de lumière, à condition, bien entendu, que l'utilisateur ne fixe pas directement le faisceau. Un appareil automatique à faisceau laser a été mis au point dans le cadre du Centre d'expériences aériennes militaires de Mont-de-Marsan (Landes), ainsi que sur la base aérienne de Brétigny-sur-Orge, dans l'Essonne, avant d'être installé sur l'aérodrome civil de Montpellier. Pour l'heure, la France est le seul pays à disposer d'un tel matériel.

Les spécialistes du Service technique de la navigation aérienne (STNA), qui dépend de la Direction générale de l'aviation civile, estiment que ce nouveau procédé, à présent opérationnel, renforce de manière significative les moyens actuels. « Il peut être utilisé de nuit, ce qui n'est pas toujours le cas des systèmes bruyants qui se révèlent parfois gênants pour les riverains des aéroports, souligne Jean-Luc Briot, ornithologue du STNA, initiateur du laser d'effarouchement. Par temps de brouillard, ou de pluie, les personnels spécialisés en lutte aviaire ne voient pas toujours si des oiseaux sont posés sur la piste, s'ils doivent ou non intervenir. Là, tout est automatique et permanent. On

Moteurs, commandes et gouvernes, et équipements divers sont testés au sol après la sortie du hall d'assemblage.

Photo Sud Ouest

Le nez complet, avec la coiffe rouge du radôme du radar, va être ajusté sur le fuselage central.
Photo Airbus

contrôle le fonctionnement à distance sur un simple écran de PC alimenté par une liaison sans fil (…) Et il n'y a aucune accoutumance de la part des oiseaux, contrairement à certains autres moyens (…) »

Le laser rendra donc de signalés services sur les aérodromes les plus exposés au péril aviaire, s'ils doivent accueillir l'A 380. Un péril qu'il est de moins en moins possible de négliger, tant l'éventualité d'un accident grave, dû à une collision entre un simple oiseau et le géant du ciel, apparaîtrait à la fois paradoxale et scandaleuse sur un avion comme l'A 380. Un avion pour lequel le souci de la sécurité constitue une préoccupation constante pour les constructeurs, de la conception à la mise au point.

L'arrivée du nouvel avion géant coïncide ainsi avec la prochaine mise en place du « bâton de lumière » sur les aérodromes français, et peut-être étrangers, qui s'en équiperont. Coût unitaire de l'équipement : 100 000 euros… Des aérodromes qui se sont préparés à cette arrivée en construisant des aérogares à la mesure du paquebot du ciel, comme à Dubaï, sur le golfe Arabique, ou à Roissy-Charles-de-Gaulle.

Pour le premier vol, l'A380 001 portait sur son fuselage les noms et les symboles des compagnies aériennes clientes. Photo L. Theillet

Les desiderata des compagnies, l'obsession de la masse à vide

Pour ce qui concerne l'avion lui-même, la préoccupation récurrente était et reste le respect de la masse maximum à vide, pour les raisons déjà exposées. Cette exigence s'imposait et s'impose à tous, qu'il s'agisse des fabricants de la structure, ou de ce que l'on appelle d'un terme général les systèmes, tout ce qui pourrait s'apparenter aux grands systèmes vitaux sur un corps vivant.

Avec, ici aussi, des innovations significatives.

Le système hydraulique, en premier lieu, sur les avions modernes, assure des tâches multiples. C'est le liquide hydraulique sous pression – pression obtenue grâce à des pompes entraînées par les réacteurs eux-mêmes, ou des pompes électriques – qui actionne les vérins chargés de relever ou de faire descendre le train d'atterrissage : pour l'A380, vingt roues sous le fuselage et les ailes, dix de chaque côté, et deux roues à l'avant. C'est lui qui alimente les freins ; et les servocommandes, autrement dit d'autres

Un précédent mythique…

Le film *Aviator* de Martin Scorsese, sorti en 2004, a popularisé dans le monde entier l'histoire (la légende ?) de Howard Hughes, milliardaire américain passionné d'aviation qui exerça ses talents dans l'entre-deux-guerres. Interprété par l'acteur Leonardo di Caprio, Hughes multiplie les exploits et les conquêtes féminines, le film s'achevant sur ce que l'on pourrait appeler le chant du cygne du héros, avec le premier vol d'un géant des airs qu'il avait construit. Un lointain prédécesseur de l'Airbus A 380…

En l'occurrence, *Aviator* pèche cependant par omission, bien dans la manière américaine d'aménager l'histoire quand il s'agit de célébrer les grandes figures d'outre-Atlantique. Le spectateur non averti ne saura pas, en effet, que l'envol du plus gros avion du monde pour l'époque – image sur laquelle s'achève le film – n'eut pas de lendemain et que le *Spruce Goose*, c'était son nom, ne revola jamais…

L'idée de construire un tel appareil revient à Henry Kaiser, avant d'être reprise par Howard Hughes. Les combats de la Seconde Guerre mondiale faisaient rage. Les alliés pensaient déjà et se préparaient à débarquer en Normandie, pendant que les Américains allaient reconquérir peu à peu les îles du Pacifique et menacer directement le Japon. Il s'agissait de pourvoir au transport des troupes, avec un avion capable d'emporter quelque 750 soldats et leur barda, ou deux chars d'assaut Sherman, sur une distance de 5 000 kilomètres. Près de 100 mètres d'envergure pour les ailes (exactement 97,55 mètres), 66,8 mètres de longueur, 24,25 mètres de hauteur, propulsé par huit moteurs à hélices de 3 000 CV chacun, le *Spruce Goose* serait un hydravion.

Et un hydravion construit… en bois. Car le contrat signé par Howard Hughes avec le gouvernement américain comporte une clause technique contraignante, celle d'utiliser le moins possible de matériaux dits « stratégiques », autrement dit de matériaux métalliques. D'où son nom, « *goose* » pour oie, au vu de son aspect ventru, et « *spruce* », épicéa, ou pin d'Oregon, bien connu des constructeurs amateurs d'avions et de maquettes.

Les choses vont traîner en longueur. Nous sommes en 1947. L'Europe est libérée, le Japon a capitulé, le *Spruce Goose* n'a toujours pas pris l'air, et les autorités politiques s'impatientent. Howard Hughes doit prouver qu'il n'a pas mal employé l'argent reçu pour réaliser le mastodonte des airs, toujours immobilisé sur les docks de Long Beach, non loin de Los Angeles, en Californie. Hughes prend lui-même place aux commandes, avec quelques fidèles, un beau jour de novembre 1947. Officiellement, il veut procéder à un prévol, un essai de glisse sur l'eau de la baie. En fait, bien décidé à un coup d'éclat, il pousse les huit moteurs au maximum et décolle !

Il parcourra moins de 2 kilomètres, à une hauteur de quelque 20 mètres au-dessus de l'eau, avant d'amerrir lourdement. À 20 mètres, le *Spruce Goose* se trouve encore dans ce que l'on appelle l'effet de sol, l'effet de surface : la traînée de l'hydravion est réduite, car les tourbillons qui prennent naissance en bout des ailes et produisent cette traînée sont inhibés par la proximité du sol ou de l'eau. Et l'air est « tassé » entre la surface et les ailes, formant comme une espèce de coussin. Si Howard Hughes avait voulu s'élever plus haut, son engin aurait décroché et serait retombé ! L'essai l'avait prouvé. Le *Spruce Goose* ne pourrait jamais monter plus haut que cela…

Il est aujourd'hui exposé au musée de McMinnville, dans l'État de l'Oregon.

vérins, plus petits, pour la manœuvre des gouvernes sur les ailes ou l'empennage. Les gouvernes, éléments vitaux, disposent de plusieurs systèmes d'alimentation indépendants. Au total, cela représente des centaines de mètres de canalisations, des dizaines de vérins, de robinets, de raccords, de clapets. Qui arrivent à peser lourd.

Alors, pour réduire leur masse, Airbus a décidé d'augmenter la pression de son système hydraulique. D'adopter sur cet avion civil une pression jusque là utilisée seulement sur les avions militaires, de passer de 3000 à 5000 psi, *pound per square inch*, livre par pouce carré (le psi équivaut à 0,07 kg par centimètre carré). Une pression plus élevée, cela signifie des dimensions moindres pour les vérins de manœuvre du train d'atterrissage, comme pour les servocommandes, et des canalisations de diamètre réduit. Les canalisations sont parfois même supprimées, car elles sont source de fuites, donc d'opérations d'entretien coûteuses: le vérin est alimenté au plus près, si l'on peut dire, par une pompe électrique autonome qui met en pression la réserve locale de liquide hydraulique. Quelque 1 700 kilogrammes d'économisés sur l'ensemble de l'avion.

Et puisque l'on parle du train d'atterrissage…

Les bogies centraux, six roues chacun, sont soumis à des efforts de ripage, lorsque l'avion vire au sol; ce qui oblige à les construire suffisamment solides pour qu'ils puissent encaisser ces efforts. Solides? Trop solides pour un usage de quelques minutes seu-

La voilure au repos évoque immanquablement celle d'un très gros oiseau. Photo C. Ena

EN PAGES SUIVANTES

À pleine charge, au décollage, chaque roue du train d'atterrissage principal doit être capable de supporter 30 tonnes, à une vitesse qui approche les 400 km/h. Pour cela, Michelin a développé des pneus d'une technologie dérivée de celle des pneus du Concorde.

Photo L. Theillet

AIRBUS
AIRBUS
A380

F-WWOW
A380
F-WWOW

Après l'atterrissage, l'avion déploie ses *spoilers* (surfaces qui se lèvent au-dessus et à l'arrière des ailes) afin de réduire la longueur de piste nécessaire pour s'arrêter. Photo C. Ena

lement sur un vol de dix ou quinze heures, puisqu'ils ne servent que durant le roulage au sol. Poids supplémentaire ! Les bogies seront donc orientables. Moins d'efforts à supporter, donc moins costauds.

On pourrait citer encore de multiples exemples de cette recherche obstinée dans l'économie de masse par l'adoption de solutions innovantes, ou qui toutes comportent une part significative d'innovation.

Les commandes de vol électriques, on l'a dit au début, permettent de placer entre les hommes du *cockpit* et les gouvernes de l'avion des calculateurs qui constituent autant d'intermédiaires que l'on peut programmer pour qu'ils viennent en aide aux hommes. Les hommes sont irremplaçables dans la gestion fine d'un vol, dans la prise de décision qui s'impose en cas de problème, dans le jugement sur une situation délicate. En contrepartie, l'avion doit être conçu à leur mesure, en fonction de leurs capacités d'animal pensant.

Ainsi, par exemple, cet avion doit-il être équilibré. En fait, diraient les spécialistes, il doit être stable. Son poids ne doit pas être trop à l'arrière, mais au contraire être réparti de telle manière que l'homme puisse rester maître de sa machine, grâce aux plans fixes horizontaux et aux gouvernes, dites « de profondeur », qui se trouvent sur la queue de l'avion. C'est grâce à ces plans fixes et cette gouverne de profondeur que le pilote maintient le vol horizontal, ou commande la montée et la descente.

Bien. Sur un avion de la dimension de l'A380, la surface des plans fixes horizontaux est à l'échelle de l'avion lui-même. Très grande. Sauf si on « charge » l'avion à l'arrière. Si on recule le centre de gravité, compléteront les puristes, ou les connaisseurs. L'avion perdra de sa stabilité, il aura par exemple tendance à amplifier un mouvement de cabrage initié par une simple turbulence atmosphérique, et serait donc délicat à piloter sans aide. Mais les calculateurs, qui réagissent de façon instantanée, en feront leur affaire.

C'est ce qui a été retenu sur l'A380. On a pu gagner de la sorte 40 % de surface sur les plans fixes, soit une tonne et demie de moins. Reste néanmoins que, même réduite, la surface du plan fixe horizontal de l'A380 est sensiblement égale à celle de la voilure d'un « petit » Airbus A320 !

Le poids des contraintes

Il ne faudrait pas croire, cependant, que tout soit définitivement réglé. Loin de là. C'est qu'entre le projet initial soumis aux compagnies aériennes, avec les innovations décrites ci-dessus, et les premiers avions qui sont livrés, les compagnies ont fait valoir des exigences qui ont largement contribué à une prise de poids de l'A380. Exigences légitimes, au demeurant, qui portaient à la fois sur les performances commerciales et sur le respect de l'environnement.

« Ce sera le seul avion à avoir été contraint par l'environnement (...) » remarquait un jour Charles Champion, responsable du programme. Les réacteurs ont été modifiés afin de diminuer leur niveau de bruit, avec renforcement de leur isolation phonique, à la demande des transporteurs qui desservent entre autres l'aéroport de Londres-Heathrow. Idem pour les systèmes hypersustentateurs, les volets des ailes, qui contribuent beaucoup au bruit émis par un avion lors de sa descente vers la piste.

Dans le même temps, les compagnies asiatiques réclamaient une augmentation de la distance franchissable, pour atteindre sans coup férir les 8000 milles nautiques : on a dessiné des réservoirs plus grands. Les dimensions de la soute, pour le fret, ont elles aussi été augmentées. De fait, à force d'ajouts, la masse maximale au décollage de la version prête à voler passera à 560 tonnes (contre 540 initialement prévues). Mais surtout, la masse à vide sera largement supérieure aux prévisions, en tout cas sur les premiers modèles.

Le cas n'a rien d'exceptionnel. La plupart des avions, pour ne pas dire la quasi-totalité, qu'ils soient civils ou militaires, connaissent ce genre d'excédent de poids. Les bureaux d'études, les fabricants de sous-ensembles, les fabricants d'équipements, s'octroient des marges de sécurité qui vont toutes dans le sens d'un alourdissement, et jamais dans le sens d'un allégement. Ce n'est que par la suite, au fur et à mesure que le constructeur tire parti de l'expérience des essais en vol, puis d'une exploitation opérationnelle, que les marges superflues peuvent être gommées. Il n'en ira pas autrement du A380.

C'est, semble-t-il, le pari d'Airbus, mais aussi celui des responsables des compagnies clientes présents à Toulouse le 18 janvier 2005, lors de la sortie officielle du géant du ciel. Un géant du ciel grâce auquel, prévoyait ce jour-là Richard Branson, patron de Virgin Atlantic, bien connu dans le milieu du transport aérien pour ses innovations parfois singulières en matière commerciale (mais c'est ainsi qu'il a construit sa réputation… et son succès !), « on pourra installer à bord une salle de musculation, des bars plus grands, un casino, et plus de lits à deux places (…) ».

Rien que ça !

L'espace disponible dans l'Airbus A380 doit rendre possible ce genre de « fantaisies » auxquelles la compagnie Virgin Atlantic a attaché son nom.

Seul l'avenir dira s'il en ira bien ainsi.

Et si, surtout, le succès sera au bout.

Le choix de Boeing

Boeing, le rival d'Airbus, lui, émet quelques doutes à ce sujet. Mais c'est de bonne guerre. Sa stratégie diffère en effet radicalement de celle adoptée par le constructeur européen.

Airbus voit l'avenir du voyage aérien dans le transport de masse sur de longues distances, entre des *hubs*, en bon français des plates-formes de correspondance, où les passagers qui débarquent d'un appareil à grande capacité prennent un avion qui les achemine à courte ou moyenne distance vers leur destination finale ; ou effectuent l'opération inverse lorsqu'ils désirent rejoindre un *hub* lointain.

Pour Boeing, au contraire, la tendance est plutôt orientée vers un accroissement des vols de ville moyenne à ville moyenne, non aux liaisons entre grandes mégapoles, si l'on en croit Randy Baseler, directeur général du *marketing* de la firme de Seattle. D'où la décision du constructeur américain de proposer aux compagnies aériennes son programme 787 *Dreamliner*. Biréacteur, avec une capacité de 200 à 300 sièges selon les versions, le 787 répond selon Boeing aux desiderata nouveaux des passagers du futur.

Peut-être les deux visions se complètent-elles, d'ailleurs, pour former ce qui sera le panorama de l'activité aérienne civile d'ici vingt ou trente ans ; puisque c'est à ces échéances-là seulement que l'on pourra juger du bien-fondé de chaque stratégie. Airbus n'en disconvient d'ailleurs pas, apparemment, puisqu'il a décidé fin 2004 de lancer un nouvel appareil, l'A350, un bimoteur qui apparaît comme le pendant du Boeing 787 *Dreamliner*. Le nouvel Airbus incorporera bon nombre des innovations déjà utilisées sur l'A380, bien évidemment. Avec toujours la préoccupation de réduire le plus possible la masse à vide et d'obtenir ainsi les meilleures conditions de rentabilité pour les compagnies aériennes.

Alors, l'A350, petit frère de l'A380 ?

L'A380 dans toute sa beauté ! Grâce à des ailes de grande dimension, munies de dispositifs hypersustentateurs efficaces, l'A380 pourra s'accommoder des pistes de la plupart des grands aéroports mondiaux. Photo L. Theillet

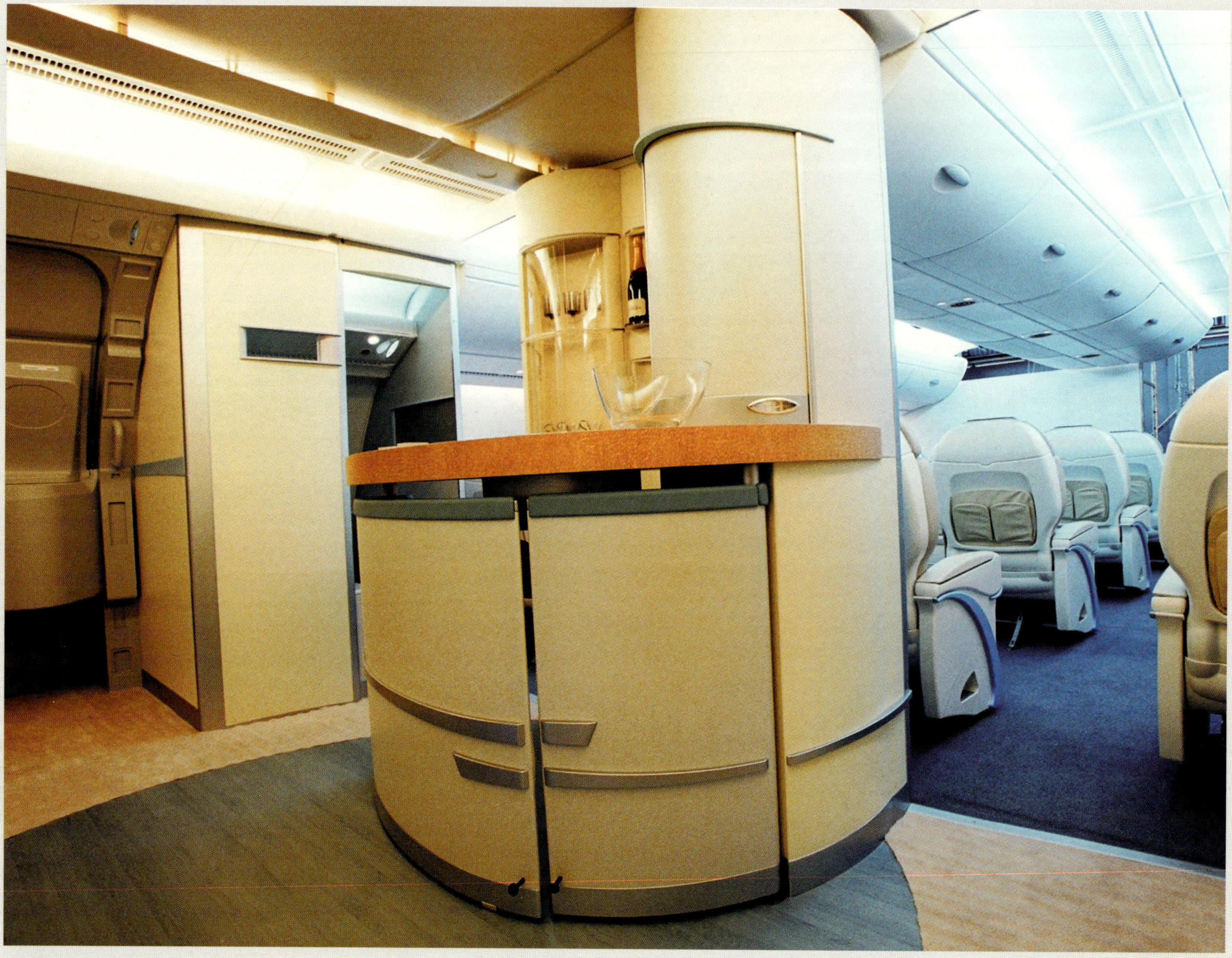

Concevoir un nouvel avion, c'est l'affaire des ingénieurs. Mais ils ne sont pas les seuls à rêver.
Décorateurs, ensembliers, spécialistes des habitacles doivent aussi réfléchir à l'intérieur idéal de l'appareil à l'étude.
Pour l'A380, l'imagination a été aidée par l'espace disponible, d'un volume sans précédent. Un peu à la manière des auteurs des « concept cars » présentés dans les salons de l'auto, les spécialistes d'Airbus ont envisagé toutes les possibilités d'aménagement.
Aux compagnies, ensuite, de choisir en fonction de ce qu'elles savent des goûts de leurs clients… et des impératifs de la rentabilité.

Photos Sud Ouest

A380

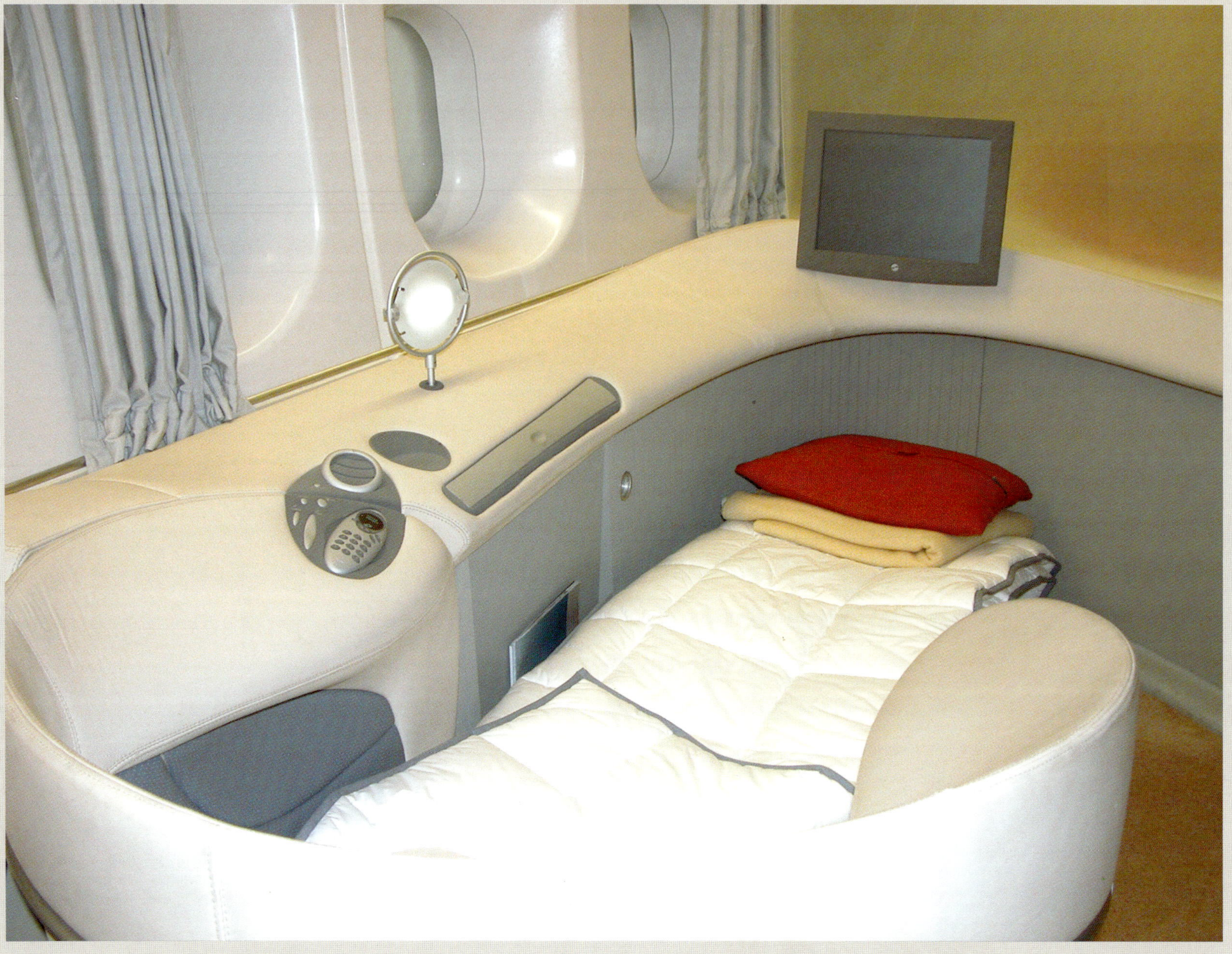

Franchir les fuseaux horaires dans un doux sommeil, arriver frais et dispos après un vol long-courrier, cela sera beaucoup plus facile avec l'A380, compte tenu de l'espace disponible, que dans tous les avions précédents. Mais ce luxe ne sera bien entendu pas accessible à tous les passagers et dans toutes les configurations d'aménagement. Photo J. Le Corre

L'aviation du IIIe millénaire : de la sécurité, du confort, de l'esthétique et la mystérieuse part de rêve attachée aux longs voyages…

Photo J. Le Corre

Sans aller jusqu'à vouloir imiter le patron de Virgin qui souhaite installer un casino à bord de l'A380, les acheteurs réfléchissent à la possibilité de créer des sites commerciaux pour les ventes en vol, voire de véritables boutiques ou salons de beauté. Photo J. Le Corre

Se lever pour aller déjeuner ou prendre un rafraîchissement ? Certains aménageurs pensent qu'à bord de l'A 380, les passagers de première classe ou de classe affaires pourraient à terme bénéficier de cette possibilité, ce qui bouleverse quelque peu les us et coutumes du transport aérien. Photos J. Le Corre

Les décorateurs des compagnies clientes devront garder en tête, lorsqu'ils créeront des salons intérieurs ou des bibliothèques des airs, des impératifs de sécurité. Les escaliers, par exemple, pourront être réalisés dans le bois précieux des anciens paquebots, mais à condition d'être assez larges pour envisager des évacuations rapides. On sait par ailleurs que les installations de « télémédecine » – permettant de pratiquer certains soins en vol – n'auront plus rien à voir avec les simples trousses d'urgence. Photos J. Le Corre

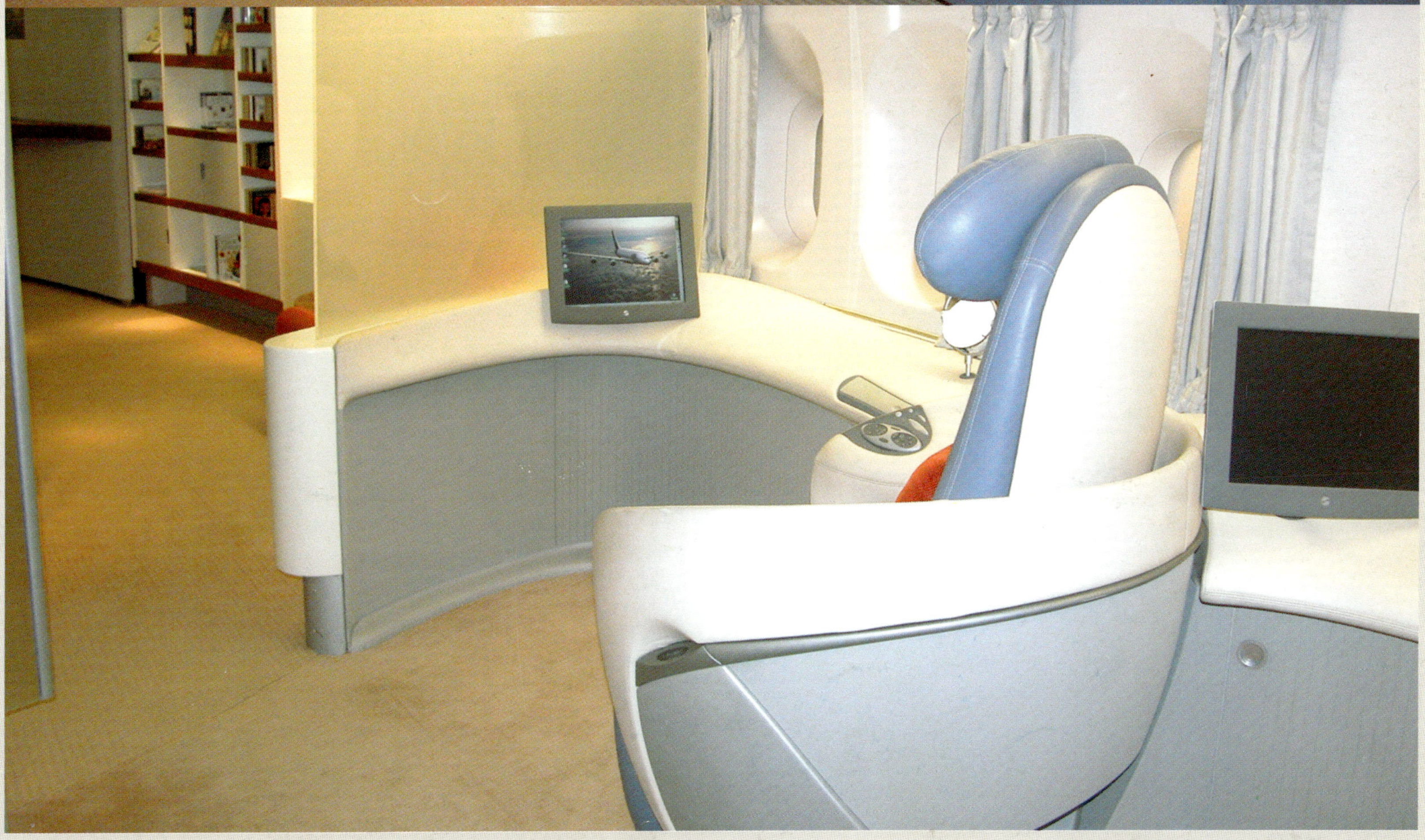

La douceur des éclairages comme le décor des espaces dévolus à la rencontre et à la conversation font partie des hypothèses de travail proposées aux décorateurs de chaque compagnie. Car, de plus en plus, la concurrence intégrera le facteur «ambiance à bord». Photo J. Le Corre

Captés par des caméras extérieures, les images du soleil couchant (ou levant) pourront être retransmises par de grands écrans donnant au passage une saisissante impression de participer à la marche des heures et des planètes, histoire de s'accoutumer aux changements de latitudes et de longitudes. Photo J. Le Corre

EN PAGES SUIVANTES

Pour son premier vol, le 27 avril 2005, l'A380 ne pesait QUE 421 tonnes au décollage ! À pleine charge, il en pèsera près de 570… Photo L. Theillet

AIRBUS A380

Établissement Thales, à Toulouse. Photo Thales

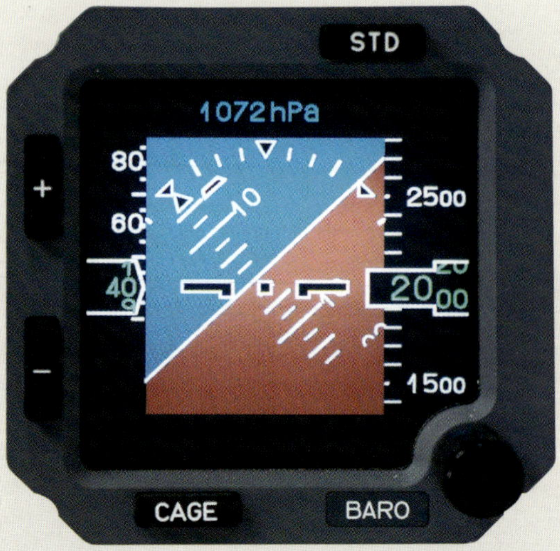

Integrated Electronic Stand by Instrument (IESI) : horizon artificiel de secours. Photo Thales

Thales, l'un des principaux partenaires sur l'A 380…

Le groupe Thales, spécialiste mondial en électronique embarquée, aéronautique, navale, ou terrestre, a été retenu pour fournir une part importante de l'avionique de l'A 380. On désigne par ce terme l'ensemble des équipements électroniques et informatiques d'un avion, l'avionique constituant la base des systèmes de contrôle, de navigation, voire de divertissement sur les appareils modernes. Il s'agit en quelque sorte de leur système nerveux, ou de leur « intelligence artificielle ». Pas moins de treize systèmes de Thales ont été sélectionnés par Airbus pour l'A 380, ce programme mobilisant en permanence à lui seul quelque trois cents personnes du groupe.

En partenariat avec la société allemande Diehl Avionik Systeme GmbH, Thales fournit ainsi, par exemple, les huit écrans du poste de pilotage qui permettent à l'équipage de visualiser les données nécessaires à la conduite de l'avion telles que les cartes de navigation ou de présentation de l'état des divers équipements, et de faire entrer, à l'aide d'une souris, comme sur un ordinateur de bureau, les paramètres du vol.

Thales fournit également ce que l'on appelle le *head-up display* (HUD), ou présentation « tête haute ». Il s'agit d'une projection à l'infini, sur la glace du poste de pilotage, de données essentielles à la conduite de l'avion. Ainsi, le pilote n'a plus à baisser les yeux vers la planche instrumentale du tableau de bord.

Autre grand programme, celui du divertissement multimédia pour les passagers. Chacun de ces derniers disposera d'un système indépendant, avec écran interactif, qui offre à l'utilisateur un choix complet de fonctions, dont un accès à Internet. Pour ce qui concerne les films, la projection commence à l'initiative du passager, elle peut être interrompue à tout moment et reprendre quand le passager le désire.

S'ajoutent à ces principaux systèmes d'autres qui concernent le pilotage proprement dit (radio altimètre, équipement de secours pour la navigation, système de contrôle des surfaces mobiles sur les ailes, ou des freins et de l'orientation des roues) ou la génération électrique. À terme, Thales fournira également un procédé qui permettra aux pilotes de mieux se diriger sur les aéroports. La certification est prévue pour la fin de l'année 2006.

Flight Control Unit (FCU) : interface pilote automatique.

Photo Thales, Daniel Porte

Keyboard Cursor Control Unit (KCCU): clavier d'affichage des paramètres de vol. Photo Thales

...ou sur le Boeing 787

Thales a également été sélectionné par Boeing pour participer au nouveau programme de la firme américaine, le B-787. Le groupe fournira ainsi le système de conversion de puissance électrique du nouvel avion. Celui-ci innove à bien des égards. Son réseau électrique aura la particularité de mettre en œuvre aussi bien du courant continu que du courant alternatif, à des tensions et des fréquences variables. Le système de Thales assurera la conversion de ces différentes sources vers les équipements qu'elles alimentent, en adaptant les tensions électriques du réseau à celles des équipements concernés.

Thales a été aussi choisi par Boeing pour fournir l'instrument combiné de secours à cristaux liquides du poste de pilotage. Il s'agit d'un écran de présentation des paramètres de navigation, avec attitude de l'avion (inclinaison et assiette longitudinale), vitesse, altitude, cap et guidage, utilisé dans le cas très improbable où les autres moyens de visualisation sont déficients.

CI-CONTRE, DE HAUT EN BAS

> Collimateur tête haute qui présente au pilote certains paramètres à hauteur de la glace frontale. Photo Thales

> Tous les passagers disposeront d'un écran individuel. Photo Thales

> Cinéma, jeux, voire Internet, pour passer le temps. Photo Thales

DESTINAT

Toulo

ION
ouse
Airbus

Chapitre 2

Destination Toulouse

Chargée d'un tronçon de fuselage soigneusement enrobé, la barge *Le Breuil* remonte la Garonne au sud de Bordeaux. La passerelle SNCF est franchie. Bientôt, le fleuve va se resserrer. Il faudra à l'équipage progresser avec précaution jusqu'à Langon. Photo G. Bonnaud

Comment diable assembler sur un site unique les pièces de cet énorme puzzle des airs ? Parmi la multitude d'équations que les responsables du programme de l'A380 doivent résoudre lors de son lancement commercial, au cours de l'année 2000, cette question figure en bonne place. Elle a déjà ponctué la vie du consortium par le passé, alors que la division du travail à l'échelle européenne s'imposait comme l'un des vecteurs de sa conquête des cieux. Sauf qu'en cette nouvelle occurrence, la taille des colis à transporter est à la mesure du défi industriel à relever : cinquante mètres de long pour l'emballage des ailes, quatorze mètres de haut et huit mètres de large pour les morceaux de carlingue… Les modes de transport habituels ne peuvent être d'aucun secours ; ni le Beluga, l'avion-cargo maison formaté pour avaler les pièces les plus volumineuses dans ses soutes, ni le chemin de fer, ni les routes existantes.

Malgré la concurrence de Hambourg, en Allemagne, Toulouse est officiellement élu dès le mois de juin 2000 pour accueillir la chaîne d'assemblage, cen-

sée être opérationnelle à l'automne 2003 dans la nouvelle usine Jean-Luc Lagardère, bâtie à Cornebarrieu sur la zone AéroConstellation, en lisière des pistes de l'aéroport Toulouse-Blagnac. Le calendrier prendra quelques mois de retard par la suite. Mais sur les quinze sites de production du constructeur disséminés en Europe, chez ses centaines de sous-traitants de par le monde, on se retrousse déjà les manches. Il faut imaginer sans délai la logistique indispensable aux débuts de ce gigantesque jeu de Meccano toulousain. Celle-ci doit rentrer dans les *ratios* économiques habituels d'Airbus et ne pas dépasser 2 % environ de la facture définitive d'un appareil (un peu plus de deux millions d'euros). La chaîne de transport des seuls gros tronçons de l'A380 pèsera en définitive pour moins de 1 %.

La solution d'un périple maritime, fluvial et routier via le port de Bordeaux, le plus proche et le mieux équipé de la façade atlantique, se dessine dès l'été 2000. Une première batterie d'études techniques est alors dirigée sur l'estuaire de la Gironde et la Garonne pour valider l'hypothèse d'un débarquement des pièces à Langon, à soixante kilomètres en amont de Bordeaux sur le fleuve.

Reste à imaginer la suite, 200 kilomètres à vol d'oiseau jusqu'à AéroConstellation. Un ridicule saut de puce pour un avion au rayon d'action inégalé, mais un sacré casse-tête à l'instant de porter un projet industriel sur les fonts baptismaux. Ce sera l'itinéraire à grand gabarit, « l'igégé » de la délicieuse vulgate administrative, un fil de bitume à dévider de Langon à Toulouse à travers vignobles et pinèdes, une piste d'envol longue de 240 kilomètres pour des paquets aussi précieux qu'encombrants.

Quand on parlait de ballons...

Le transport combiné des pièces de l'A380, voie d'eau et route, n'a pas été la seule piste explorée par les décideurs du programme. Il a d'abord été question de développer un Airbus super Béluga, c'est-à-dire un avion-cargo taille mastodonte. Cette éventualité a été abandonnée en raison des incertitudes qui auraient pesé sur le temps nécessaire à sa mise au point, ainsi que sur son coût, probablement supérieur à 150 millions d'euros. À l'été 2002, l'avionneur ukrainien Antonov a relancé l'hypothèse aérienne en proposant à Airbus les services de son An-225, le plus gros avion-cargo du monde, construit à un seul exemplaire dans les années 1980. Il peut embarquer jusqu'à 250 tonnes de fret. Mais Airbus a décliné l'offre.

Aussi farfelue de prime abord que sérieuse sur le fond, la solution du ballon dirigeable a, en revanche, suscité l'intérêt des spécialistes. Cette technologie un temps oubliée est en passe de connaître une profonde modernisation dans les années à venir. Celle-ci devrait permettre d'envisager en toute sécurité le port de charges aussi lourdes que volumineuses. Mais la mise au point d'appareils à la fiabilité démontrée dès le démarrage du programme de l'A380 semblait utopique, qu'il s'agisse des projets français Avea et First ou de l'allemand Cargo Lifter. Politiquement soutenue par les Verts, l'option dirigeable pourra peut-être prétendre au marché des convois exceptionnels dès que les prototypes auront fait leurs preuves.

Bordeaux, le trait d'union des estuaires

L'A380 est une drôle de créature d'eaux saumâtres, née dans la bascule des marées des estuaires d'Europe. L'Elbe aux confins de l'Allemagne, qui s'ouvre sur la mer du Nord, la Dee au pays de Galles qui s'en va lutter avec la mer d'Irlande dans la baie de Liverpool, la Loire qui baigne Saint-Nazaire, le Guadalquivir à quelque distance de Cadix et la Garonne qui se décrète Gironde une fois dépassé le bec d'Ambès, à quelques kilomètres en aval de Bordeaux. Entre ces rives s'orchestre depuis le printemps 2004 le ballet des pièces à destination de Toulouse.

La voilure de l'avion est conçue dans l'usine de Broughton, en amont sur la Dee, avant de transiter par le port de Mostyn. Le tronçon arrière du fuselage prend forme à Hambourg, à la naissance de l'estuaire de l'Elbe, tandis que son autre partie est fabriquée à Saint-Nazaire. L'empennage arrière est quant à lui fignolé à Cadix, en Andalousie. Parmi les grosses pièces de structure de l'A380, lui seul a vue directe sur l'océan Atlantique, qui s'engouffre un peu plus loin à l'est dans le détroit de Gibraltar.

Si des éléments de proportions plus modestes rallient directement Toulouse-Blagnac par transport aérien, c'est la voie des mers qui tire un trait d'union entre ces différents lieux empruntés à un atlas fluvio-maritime d'Europe. Sur la carte se dessine la silhouette du *Ville de Bordeaux*, un navire roulier à double coque et long de 154 mètres qui ne fait pas mystère de ses inclinations sur sa coque bleue et blanche: « Airbus 380 on board » y est fièrement affiché en lettres énormes. Construit pour l'occasion dans un chantier naval de Nankin, en Chine, baptisé le 27 février 2004 et armé par la société Louis-Dreyfus, le *Ville de Bordeaux* signe sa première escale opérationnelle dans le port éponyme le 4 juin suivant. Les navettes ont démarré deux mois et demi plus tôt, au moyen d'un bateau intérimaire. Les débuts s'effectuent en douceur, au rythme d'une rotation mensuelle. Mais avec la montée en puissance du programme et l'épaisseur du carnet de commandes de l'avionneur, on devrait frôler les cadences infernales dès 2008, échéance à laquelle est prévu un voyage par semaine.

Contrairement à ce que son patronyme annonce, le *Ville de Bordeaux* n'accoste jamais dans la courbe du port de la Lune, à proximité immédiate des façades XVIIIe qui ornent la rive gauche de la cité. Après avoir

Inquiétude sur la Dee

La chaîne de transport maritime comporte un maillon faible: la Dee. L'estuaire gallois est une zone à l'environnement fragile où hivernent des centaines de milliers d'oiseaux limicoles. L'agence locale de l'environnement se montre très sourcilleuse sur la protection de ce site majeur pour les migrateurs du Royaume-Uni. Or, Airbus souhaiterait un dragage du fleuve pour épargner au *Ville de Bordeaux* l'attente de la pleine mer lors de ses allées et venues aux docks de Mostyn. Le Dee Estuary Conservation Group, au sein duquel siègent les associations de protection de l'environnement et les scientifiques, s'est cabré en cours d'année 2004 quand cette hypothèse a été formulée. Il a mis en avant les menaces qu'un dragage ferait peser sur les ressources en aliments pour les oiseaux qui séjournent dans l'estuaire. Cette instance a accusé Airbus de ne pas faire le moindre effort pour concilier l'essor industriel et la protection des espèces (et le tourisme écologique qui en découle localement). Au tout début 2005, les autorités galloises épousaient toujours cet argumentaire et n'avaient pas encore donné le feu vert pour les opérations de dragage. Pour l'heure, le problème n'a rien d'aigu. Mais l'augmentation sensible des fréquences de rotation du *Ville de Bordeaux* jusqu'en 2008 (un voyage par semaine) ne manquera pas d'exiger une solution dans un délai raisonnable.

dépassé la pointe de Grave pour pénétrer dans le large estuaire de la Gironde, le navire se contente d'une cinquantaine de kilomètres de balade entre Charente-Maritime et Médoc jusqu'à Pauillac, un des sites en eau profonde du Port autonome de Bordeaux (PAB), à mi-chemin en aval de Bordeaux. Tout est prévu pour l'accueillir, du quai de Trompeloup entièrement refait à neuf sous l'égide du PAB au cours de l'hiver 2003-2004 (4,5 millions d'euros) jusqu'au ponton mobile destiné au transfert des pièces de l'avion sur des barges. Amarrée le 22 janvier 2004 sur la zone, cette imposante structure flottante a été commandée par le consortium à un chantier naval de Gdansk, en Pologne, pour un coût de 8,2 millions d'euros. De taille imposante (150 mètres de long, 35 mètres de large), le ponton est spécialement conçu pour que les pièces de l'avion glissent sans heurts de la porte arrière ouverte du *Ville de Bordeaux* jusqu'à l'intérieur de la barge *Le Breuil*.

Celle-ci accroche le maillon suivant sur la chaîne de transport des pièces, tirée jusqu'à AéroConstellation. Sa mission consiste à assurer l'aller-retour Pauillac-Langon au fil de seize heures de navigation fluviale.

Comme le *Ville de Bordeaux*, *Le Breuil* est un rejeton du programme de l'A 380, dessiné pour accueillir les pièces de l'avion dans un berceau moelleux. 95 kilomètres en amont, l'écluse et le bassin de débarquement qui poussent en cours d'année 2004 sur la berge du port de Langon ressortissent aussi du chapitre des nouveautés apparues dans le sillage de l'A 380. Airbus ne veut pas négliger le moindre détail pour réussir son voyage fluvio-maritime girondin, long de quelque 150 kilomètres, depuis le débouché océanique de l'estuaire jusqu'au quai langonnais. Tout y est flambant neuf et calibré au centimètre près. Tout ?

Le ponton mobile de 150 mètres de long qui équipe le port de Pauillac est indispensable au transport des pièces. Lui seul autorise le transfert des éléments du *Ville de Bordeaux*, qui s'amarre dans son axe, à la barge *Le Breuil*. Photo Port autonome

L'histoire manquerait par trop de ce sel qui rencontre les eaux boueuses de la Garonne en un bouillonnement permanent. À l'image d'un petit village gaulois imaginé par Goscinny et Uderzo pour se dresser contre l'avancée romaine, un obstacle aux dix-sept arches maçonnées fait foi de résister à l'envahisseur aéronautique. Mais, contrairement aux héros de bandes dessinées, le pont de Pierre de Bordeaux finit par baisser pavillon.

Le verrou du pont de Pierre

Depuis sa mise en service en 1821, cet ouvrage crucial pour la circulation en centre-ville laisse les carrioles et autres équipages envahir la ligne légèrement convexe de son tablier. Sa palette s'est enrichie le 21 décembre 2003, en servant d'écrin au lancement commercial du nouveau tramway de Bordeaux, qui partage dorénavant l'espace disponible avec les piétons et les automobilistes. Et le 30 mars suivant, en un curieux télescopage calendaire de la modernité, ce monument historique voit un avion débouler au ras des flots et lui filer sous le ventre ; un morceau d'avion pour être plus précis, en l'occurrence un fuselage arrière d'A380 qui remonte la Garonne sur *Le Breuil*. La première pièce destinée à finir entre les mains expertes des techniciens Airbus à AéroConstellation. Le pont de Pierre est décidément plein de ressources.

Ordonnée par Napoléon Ier en 1808 en amont du port de la Lune pour relier enfin les deux rives bordelaises séparées par quelque quatre cents mètres d'eau limoneuse, sa construction a jeté un obstacle quasi infranchissable sur le fleuve. Pour les gros navires du moins, du fait de l'exiguïté des arches. Celles-ci sont reliées par des piles, dessinées massives par l'ingénieur Claude

Au printemps 2004, la neuvième arche du pont de Pierre de Bordeaux a été équipée de protections destinées à minimiser les conséquences d'une collision entre la barge et l'une des piles de cet ouvrage vieux de deux siècles. Photo G. Lestage

Les opérations de chargement/ déchargement des énormes tronçons du fuselage de l'A 380 sont entourées d'un luxe de précautions tout au long de la chaîne de transport. Le moindre choc risquerait de fausser des pièces et de les rendre impropres à l'assemblage final, à Toulouse. Photo S. Lartigue

Étant donné leur volume, les morceaux de carlingue acheminés à Pauillac par le navire *Ville de Bordeaux* ne peuvent pas tous prendre place à bord de la barge qui doit les conduire à Langon. Quatre navettes de celle-ci sont nécessaires pour transporter les pièces de structure d'un A380. Photo S. Lartigue

Deschamps pour résister aux crues violentes qui balaient l'endroit au flot et au jusant. Pour les embarcations de taille plus réduite, qui le franchissent bon an mal an au nombre de neuf cents dans les deux sens, la manœuvre est réputée délicate. Par un effet d'étranglement, le fort courant appuie sur l'accélérateur entre les piles. Le profil du fond, impossible à évaluer visuellement du fait de la turbidité de l'eau, est très accidenté. Il forme un haut-fond à l'aplomb de l'ouvrage, là où la profondeur du fleuve n'excède pas quelques mètres. Il plonge en revanche dans des fosses d'une vingtaine de mètres qui cernent le pont à faible distance en amont comme en aval. Ce phénomène génère de spectaculaires tourbillons. Bref, il faut être un marin d'eau douce aux doigts de fée pour effacer le pont de Pierre sans rayer les flancs de sa coque de noix.

Le puzzle de l'A380 n'a guère d'autre choix que de s'y risquer. Bien sûr, il pourrait gagner la terre ferme à Pauillac et continuer par la route en visitant les grands crus. Mais il faudrait pour cela cingler vers l'ouest afin de contourner l'agglomération bordelaise et ses embarras quasi permanents, ce qui serait sans doute encore plus compliqué. Aussi Airbus lance-t-il dès la fin d'année 2001 son pari un peu fou, avec l'accord de l'État, du Port autonome et de la mairie de Bordeaux. L'opinion publique ne s'en effarouche pas outre mesure. C'est un premier tour de force, quand on considère l'attention sourcilleuse que les Bordelais portent à l'ouvrage, le symbole sans doute le mieux partagé de la majesté architecturale de la ville. Encore faut-il entourer l'opération d'un luxe de précautions pour gagner l'adhésion de tous.

La plus ostentatoire se nomme *Le Breuil*. Un petit bijou de barge ultra-moderne que ce bateau, baptisé du nom d'un modeste affluent de la Gironde et configuré pour la navigation aussi bien fluviale que maritime. Long de soixante-quinze mètres, large de quatorze, il a été construit en 2003 sur des plans originaux par le chantier naval néerlandais De Hoop, non loin de Rotterdam (avec un frère jumeau dénommé *Le Brion*). Exploité par l'armateur bordelais Socatra, il transporte en quatre navettes les éléments susceptibles d'être dégorgés d'un seul coup d'un seul par les entrailles du *Ville de Bordeaux* à Pauillac (l'empennage, les tronçons de fuselage, la voilure). Un système de ballast réduit au minimum le tirant d'air au passage du pont de Pierre et des autres ouvrages d'art qui scandent la remontée de la Garonne.

Le *Ville de Bordeaux* s'ouvre par la poupe pour laisser sortir, sur des véhicules spécialement prévus à cet effet, les ailes qui y ont été entreposées dans le port de Mostyn.
Photo Port autonome

Un passage au plus juste

Soigneusement définie, la procédure d'approche ne tolère aucun écart. Après avoir nargué le pont suspendu et autoroutier d'Aquitaine, le premier depuis l'entrée dans l'estuaire, *Le Breuil* doit se présenter parfaitement dans l'axe du pont de Pierre. Il ne peut tenter d'en forcer le verrou qu'en refoulant le courant de basse mer au moment où il est le plus faible, et dans des conditions de vent inférieures à sept mètres par seconde. L'humeur du fleuve ne doit évidemment pas être à la crue. « C'est une gymnastique à effectuer entre le tirant d'eau de la barge et la hauteur d'eau sur la Garonne. Si le fleuve est au plus bas, on peut alléger la barge pour éviter de toucher le fond ; et l'alourdir dans le cas inverse. Tout ce qui concerne le débit et le courant fait l'objet d'une approche fine. Nous disposons d'outils de prévision pour cela. Seul le vent ne peut être anticipé avec autant de précision », explique Henri Follin, le commandant du Port qui a autorité pour donner le feu vert. Une fenêtre horaire évaluée à sept minutes au moins est indispensable pour le franchissement de l'ouvrage. Et *Le Breuil* doit être capable de s'approcher à soixante-dix mètres de celui-ci avant de faire machine arrière si le besoin impérieux s'en fait sentir.

Les essais sont aussi répétés que minutieux au début de l'année 2004. La barge emprunte plusieurs fois le passage à vide, avant de charger de drôles de

> Construite dans un chantier naval néerlandais, la barge *Le Breuil* a été formatée aux exactes dimensions des pièces à transborder. Photo Sud Ouest

> La mission de la barge fluviale démarre à Pauillac. À son arrivée sur Bordeaux, elle passe sous le pont d'Aquitaine. L'obstacle constitué par le pont de Pierre n'est plus loin. Photo Port autonome

maquettes à la taille exacte des pièces à acheminer. Puis le grand jour arrive, ce désormais fameux 30 mars, avec le transit d'un premier tronçon d'avion usiné à Hambourg.

En janvier 2005, après plusieurs mois d'exploitation, on ne déplorait toujours pas le moindre froissement de tôle. L'autorisation de passage a été refusée à plusieurs reprises, pour cause de vent trop violent, mais sans incidence notable sur les délais d'acheminement. « Nous avons vécu une période de crue au tout début des transports, mais nous sommes depuis lors dans des conditions d'étiage. On ne sait donc pas comment le problème pourrait se présenter au terme de quinze jours de pluie continue », ajoute Henri Follin.

La prudence commande de se prémunir des problèmes en travaillant aussi sur la protection du pont lui-même. Par un passé récent, sa fragilité récurrente a conduit l'État à d'onéreux travaux de confortement. À titre d'exemple, les autorités se sont résignées à interdire toute circulation sur l'ouvrage durant deux semaines à la fin de l'année 1995, en raison d'un risque d'effondrement décelé sur la septième pile[1]. D'énormes travaux d'enrochement ont suivi pour stabiliser le fond fluvial. Ce souvenir, encore prégnant dans les mémoires bordelaises, attise dans l'esprit de la population et de ses élus, le député-maire de l'époque Alain Juppé en tête, la crainte d'un incident aux funestes conséquences.

La cadence programmée du trafic aérien – si l'on peut dire – entre les piles du pont de Pierre ne peut que renforcer le doute. Astreint à des rotations épisodiques à l'entame du programme A380 en 2004 (cinq avions au complet transportés en cette première année), *Le Breuil* fréquentera de plus en plus souvent les parages du pont, jusqu'à effectuer plusieurs allers-retours hebdomadaires entre Pauillac et Langon à l'horizon 2008. Beaucoup trop pour écarter du jeu le risque statistique de la carte collision. Aussi l'État se résout-il à débourser quatre millions d'euros pour équiper d'un bouclier la neu-

1. Elles sont numérotées à partir de la rive gauche de la Garonne.

vième arche, sous laquelle le convoi glisse à chacun de ses passages.

Par la faute d'un premier appel d'offres infructueux, le chantier ne démarre qu'en mai 2004, ce qui contraint l'équipage du *Breuil* à évoluer sans filet jusqu'à l'été sous la onzième arche, laquelle continuera à jouer le rôle d'itinéraire de délestage au cas où un problème surviendrait sous sa proche voisine. Les conditions de délivrance du passeport pour le passage sont draconiennes durant cette période transitoire. Le vent, notamment, ne doit pas excéder 2,5 mètres par seconde. Une brise gentillette.

Les travaux consistent à immerger, de part et d'autre des piles, des pieux de protection devant faire office de pare-chocs le cas échéant. Le dispositif est complété par des rails en bois qui courent le long des parois comme des glissières de sécurité. Le même emballage devrait être offert à l'arche onze mais, durant l'hiver 2005, les sous manquaient encore pour parachever l'œuvre entamée… L'ouvrage est par ailleurs équipé d'une batterie de capteurs électroniques pour aider la barge dans son approche.

Une fois ce chantier terminé, les précautions à respecter par l'équipage du bateau sont légèrement allégées, comme la vitesse tolérée du vent transversal (sept mètres par seconde au lieu de cinq au printemps 2004). Un nouvel arrêté préfectoral devait en fixer le catalogue au début de l'année 2005.

Le *Ville de Bordeaux* et ses 154 mètres fréquenteront une fois par semaine les eaux profondes du port de Pauillac en 2008. Photo Sud Ouest

La terre ferme à Langon

La suite du voyage jusqu'à Langon s'effectue avec beaucoup moins de suées. C'est une remontée du fleuve sur quarante-cinq kilomètres, aux allures d'excursion œnologique entre les Graves de la rive gauche et les côtes de Bordeaux de la rive droite. Jalonnés de neuf autres ponts ou passerelles, les méandres du fleuve autorisent une navigation sans péril. L'imposante barge glisse sans souci dans le canevas des cabanes à carrelets qui ornementent les berges, sous le regard curieux des pêcheurs et des classes d'école en sortie pédagogique.

Seule l'arrivée sur Langon agrémente l'aventure d'un soupçon de piquant. Au bout d'une dernière courbe, *Le Breuil* doit éviter une des deux piles de

Malgré les imposantes dimensions de la barge (75 mètres sur 14), l'énormité du fuselage à double pont de l'A 380 ne manque pas d'impressionner les curieux au fil de ce voyage fluvial long d'une centaine de kilomètres. Photo Airbus

Le port de Langon a vu Golfech

Le port de Langon, sur la Garonne, en amont du centre-ville, a déjà été le théâtre du débarquement de matériaux inhabituels sur ses quais. En 1987 et 1990 y ont transité des éléments de la centrale nucléaire en construction à Golfech, un village du Tarn-et-Garonne situé 20 kilomètres en amont d'Agen, 80 kilomètres en aval de Toulouse. La cuve du réacteur, notamment, avait été acheminée par voie fluviale avant d'emprunter les routes de Gironde et du Lot-et-Garonne pour gagner sa destination finale. Une énorme grue de levage est restée en place depuis sur le port. La centrale de Golfech comprend deux unités de 1 300 mégawatts chacune et fournit 4 % de la production nationale d'électricité. La mise en service de la première unité est intervenue en 1990, la seconde en 1994.

l'ancien pont Eiffel, aujourd'hui démoli. La manœuvre est malaisée, tant la force du courant perturbe la navigation à l'approche du port fluvial. L'expérience aidant, Airbus a même demandé la démolition de ladite pile au cours de l'hiver 2005 afin de faciliter la tâche des pilotes. En février, cette question demeurait en suspens.

Une fois cet ultime péril surmonté, la navette salue de son sillage l'espace Claude-Nougaro bâti sur la rive, en un clin d'œil appuyé à la destination toulousaine de son chargement. Elle parvient à proximité de l'énorme grue Gottwald que ses contrepoids de béton empilés en mille-feuilles maintiennent dressée à l'extrémité du quai, dans les derniers faubourgs de la ville. Quelques mètres plus loin se découvre l'écluse qui barre l'accès au bassin aménagé sur la rive gauche de la Garonne. Audelà s'étend une vaste zone estampillée Airbus et délimitée par de hauts grillages.

Un poste de commandement joliment teinté d'acajou, en haut d'un escalier hélicoïdal, surmonte le débarcadère. Des caméras scrutent celui-ci en permanence et un agent de sécurité veille sur l'accès routier. Cette débauche de moyens de surveillance ne saurait mieux souligner l'enjeu industriel. Le bassin, d'une longueur de soixante-quinze mètres, est strictement formaté pour enserrer la barge entre ses parois. Une fois celle-ci immobilisée, les deux portes de l'écluse, deux vantaux de trente-cinq tonnes chacun, se ferment pour amener le bateau à hauteur du quai de déchargement et hisser les pièces de l'avion sur la terre ferme.

Seules les inondations, tristement habituelles en ce point de la vallée, peuvent perturber ce ballet un tantinet surréaliste. En janvier 2004 déjà, la crue de la Garonne noie le chantier du débarcadère, ajoutant quelques semaines de délai à sa livraison. La menace est prise en compte dans l'aménagement des lieux, puisque le poste de commandement est suffisamment élevé pour rester hors d'eau en toutes circonstances, et que le reste de la zone de déchargement ne nécessite rien de plus qu'un brin de toilette une fois le fleuve ramené dans son lit.

Deux années durant, la construction de ces installations vient troubler le sommeil du port de Langon. Le choix de cette petite sous-préfecture girondine, située à quelque quatre-vingts kilomètres à l'est de la façade atlantique, s'imposait pour le transfert des pièces sur des ensembles routiers. Au-delà, le fleuve n'est plus navigable pour des navires de ce tonnage. Et le canal latéral à la Garonne, ce barreau sur la voie aquatique qui relie l'océan à la Méditerranée via Toulouse, est par trop sous-dimensionné pour qu'y voguent de tels convois sous les frondaisons des platanes qui en piquettent l'avancée jusqu'à la capitale de Midi-Pyrénées. Sa mise au gabarit requis aurait été financièrement ruineuse et aurait saupoudré le dossier de chausse-trappes techniques.

> C'est la fin du voyage pour la barge et son précieux contenu. Au sortir d'une dernière courbe devant le centre-ville de Langon, elle rejoindra lentement le débarcadère. Photo Sud Ouest

> L'écluse de Langon permet au *Breuil* de se hisser à la hauteur du quai. Les pièces de l'avion peuvent alors retrouver la terre ferme. Photo Port autonome

EN PAGES SUIVANTES

Le 30 mars 2004, une première pièce du fuselage de l'A 380 franchit en finesse le pont de Pierre de Bordeaux. Des centaines d'autres devraient transiter par le même endroit au cours des décennies à venir. Photo F. Ducasse

BREUIL

Airbus

En dépit de ce bémol, le fleuve qui était tombé en quasi-désuétude pour le trafic marchandises de Bordeaux à Langon se redécouvre quelque ambition à la faveur du cadeau Airbus. Sous l'égide du Port autonome de Bordeaux (compétent jusqu'au pont autoroutier François-Mitterrand en amont de Bordeaux) et sous celle des Voies navigables de France (au-delà), l'ensemble du balisage de la voie d'eau a été revu et modernisé, les fonds cartographiés, les lignes d'étiage redéfinies. Nul ne sait si le périple de l'A380 entraînera d'autres marchandises dans son sillage sécurisé, depuis l'estuaire maritime jusqu'aux berges plus étroites de la rivière. Mais c'est là une perspective qui ne déplaît pas au Port autonome. « Nous avons été associés dès le début aux réflexions menées par Airbus. Nous sommes passés par une phase où il fallait tout inventer ; ce qui a donné à nos équipes l'occasion de déployer sur ce projet un panel de spécialités intéressantes, qu'il s'agisse de la maîtrise d'œuvre sur les aménagements à Pauillac et à Langon ou de l'électronique dont est dotée l'approche du pont de Pierre. De ce point de vue, l'A380 ne se mesure pas seulement pour nous en activité économique. C'est d'ailleurs un type de marchandises dont l'importance n'est pas directement indexée sur le tonnage [2] », résume Antoine de Cambourg, le directeur de l'aménagement et de l'environnement au PAB.

Sur ce quai de Langon où les éléments de l'A380 quittent les eaux qui les ont convoyés depuis leur sortie d'usine, aux quatre coins de l'Europe, l'énorme carlingue donne l'impression de s'ébrouer. Elle déploie enfin son énorme squelette à la vue pour dessiner d'improbables immeubles à hublots en rase campagne. Là s'achève la mission qu'Airbus a assignée à la Garonne. La destinée routière du convoi va écrire ses premières lignes.

L'invention d'une route

En cette fraîche fin de soirée de novembre 2003, des centaines de Langonnais se massent le long du boulevard Salvador-Allende, comme pour assister à une répétition nocturne et automnale d'une étape du Tour de France. Aucun *sprint* massif n'est pourtant au programme sur la chaussée. Au contraire, Airbus lance à une allure de gastéropode son premier test sur la route de Toulouse, un convoi très exceptionnel qui comporte des maquettes aux justes mesures des pièces du futur avion. En référence au festival de musiques du monde qui se tient chaque été au pied de la mosquée, dans le parc des Vergers tout proche, c'est bien une nuit atypique que Langon vit en ce 3 novembre sur les quatre kilomètres séparant le site Airbus de la sortie de la commune. Le point d'aboutissement de trois ans d'études et de travaux au long d'une saignée routière sur des voies secondaires du Sud-Ouest, requalifiées en nationale (RN 524 sur la partie ouest, RN 224 à l'est) à travers les départements de la Gironde, des Landes, du Gers et de la Haute-Garonne.

2. Le trafic devrait représenter cinquante mille tonnes par an lorsque le programme A380 sera monté en puissance.

Les précédents de l'extrême urgence

La procédure d'extrême urgence pour cause d'utilité publique est d'un usage extrêmement parcimonieux. Avant l'aventure de l'A380, l'État ne l'avait mise en branle qu'à quatre reprises. Trois fois en prévision de rendez-vous sportifs : les Jeux olympiques d'hiver de Grenoble en 1968 et d'Albertville en 1992, ainsi que la construction du stade de France à Saint-Denis, pour la coupe du monde de football 1998. Une seule fois pour un dossier d'équipement : la construction d'une ligne expérimentale pour l'aérotrain à travers les champs infinis de la Beauce en 1966. Ce procédé de transport par sustentation magnétique avait viré au fiasco technologique.

Tout commence le 31 janvier 2001 au palais de l'Élysée, autour de la table du conseil des ministres. Prenant bonne note du calendrier ultra-serré d'Airbus, le gouvernement de l'époque et son ministre des Transports, Jean-Claude Gayssot (PCF), optent pour la très rare procédure d'extrême urgence afin d'exproprier au plus vite les terrains nécessaires à l'aménagement d'un itinéraire routier à grand gabarit entre Langon et Cornebarrieu. Ledit gabarit est peu ou prou défini par les dimensions des convois de l'A380 ; soit des ensembles routiers transportant des colis d'une envergure jusque-là inconnue : quatorze mètres de haut et huit mètres de large pour les éléments de carlingue, cinquante-trois mètres de long pour la voilure. Le réseau routier existant n'est pas calibré pour ce faire. Ni la RN113 qui épouse les détours de la Garonne jusqu'à Toulouse, ni l'autoroute A62 dont les ponts découpent autant d'obstacles infranchissables dans le paysage. Y diriger à intervalles rapprochés des convois exceptionnels aussi volumineux que lents poserait également un problème majeur de régulation du trafic routier.

Le 29 mai 2001, le Parlement vote la loi qui qualifie « d'infrastructure d'intérêt national » le projet d'itinéraire à grand gabarit, bientôt connu sous le sigle IGG. En l'occurrence, l'intérêt national se décline surtout en emplois : quarante mille en France pour le programme A380, dont dix mille pour le Sud-Ouest, est-il avancé.

> À la limite du Gers et de la Haute-Garonne, l'A380 en pièces détachées transite par la petite commune de Ségoufielle où un pont sur la Save a dû être adapté au poids et aux dimensions inédites des remorques.

> En évitant les grosses agglomérations, le convoi de l'Airbus a réduit au minimum les démolitions indispensables à son passage. Il a quand même fallu détruire une ancienne maison de garde-barrière à L'Isle-Jourdain.

Photos G. Lestage

> Les platanes de Lévignac, en Haute-Garonne, ont dû être abattus pour que l'A 380 puisse se frayer un chemin jusqu'à AéroConstellation. Photo G. Lestage

Mais ces retombées appréciables masquent aussi l'intérêt plus particulier d'Airbus Industrie, le seul usager appelé à emprunter régulièrement l'aménagement. Désireux de ne pas prêter le flanc à la critique sur ce point, le législateur enrobe cette donnée objective dans un projet plus général, celui de renforcer les échanges entre Bordeaux et Toulouse, ainsi que les synergies industrielles entre les deux capitales régionales. Ça ne mange pas de pain… Né à la lecture d'un texte taillé sur mesure pour le consortium, le malaise prospère aussi sur les incertitudes relatives au partage de l'addition, évaluée à quelque 170 millions d'euros. Le flou perdurera un an sur la clé de répartition. En définitive, Airbus en prendra 57 % à son compte, l'État 43 %.

> La piste cyclable construite entre L'Isle-Jourdain et l'agglomération toulousaine, en bordure de l'itinéraire à grand gabarit, s'achève à Cornebarrieu où les toits de l'usine Jean-Luc Lagardère se dessinent sur l'horizon. Photo G. Lestage

La politique s'en mêle

Entre-temps, on s'organise. Une « mission grand itinéraire », maître d'ouvrage du projet, est créée au sein de la direction régionale de l'Équipement Midi Pyrénées, à Toulouse. Et les discussions, voire les polémiques, entre les services de l'État et les collectivités locales battent leur plein sur l'épineuse question du tracé. Au cours de l'année 2000, dès que prend corps l'hypothèse d'un débarquement des pièces du futur avion dans le port de Langon, les élus soupèsent les avantages et les inconvénients d'un défilé des convois sous les fenêtres de leurs administrés. D'emblée, le département du Lot-et-Garonne est fortement pressenti pour ce transit. C'est l'expérience qui parle, celle du passage par ces lieux, une douzaine d'années plus tôt, des éléments de la centrale nucléaire de Golfech en route pour le Tarn-et-Garonne. Mais sous la houlette de son président UDF (puis UMP) Jean François-Poncet, le conseil général s'y oppose fermement. Dès janvier 2001, il vote une motion exigeant l'étude d'un itinéraire alternatif via les Landes et le Gers, d'abord plein sud jusqu'à Aire-sur-l'Adour, puis à l'est vers Auch et Toulouse. « Je ne veux pas que ça passe, point final », ajoute même l'ancien ministre de Valéry Giscard d'Estaing en séance publique. Des propos qui vont peser tout leur poids dans les semaines suivantes…

L'hiver 2004 n'a pas été de tout repos pour les habitants de Bernos-Beaulac, au sud de la Gironde. Les lourds travaux de voirie qui y ont été menés ont fortement perturbé le trafic.

Photo G. Lestage

> La décision de fabriquer le plus gros avion du monde a parfois des conséquences insoupçonnées. Comme cette pêche miraculeuse dans l'Aussonnelle, un ruisseau à proximité de Toulouse, qu'il a fallu dévier pour les besoins de la route de l'Airbus.

> À Captieux, en Gironde, une piste réservée aux convois a été tracée à l'écart du centre-bourg. En temps normal, elle est fermée à la circulation automobile.

Photos G. Lestage

Pour Jean François-Poncet, il s'agit surtout à l'époque de faire monter les enchères pour mieux réclamer des contreparties à l'État sur le dossier encarafé de l'aménagement de la RN 21, l'axe nord-sud qui coupe le département. Il n'est d'ailleurs pas le seul à proclamer haut et fort ses exigences. Ainsi, au sein des territoires égrenés de la Gironde à la Haute-Garonne, il est de bon ton de réclamer un partage de la taxe professionnelle versée par Airbus aux communes de l'agglomération toulousaine.

Guère goûtée par Philippe Martin, le président socialiste du conseil général du Gers, la raideur poncétiste appelle une réaction immédiate de son homologue PS du conseil général des Landes. Henri Emmanuelli saisit la balle au bond et se déclare prêt à envisager un passage des camions chez lui, par Aire-sur-l'Adour. Dans le même temps, Alain Rousset, le président socialiste de la région Aquitaine, prend sa plume pour adresser une requête dans le même sens à Jean-Claude Gayssot.

À ce point du débat public, le parcours à définir pour le gros porteur n'est manifestement plus le seul enjeu en balance. Sur l'autre plateau pèse un vieux serpent de mer aquitain, l'aménagement en deux fois deux voies ou en autoroute concédée de l'axe Bordeaux-Pau. Jusque-là, seule une dangereuse départementale aux créneaux de dépassement étiques assure la liaison entre les deux centres urbains les plus peuplés de la région. Prôner le label Airbus sur le tronçon plus ramassé Langon-Aire-sur-l'Adour, c'est du même coup désembourber le dossier de la Bordeaux-Pau, source de polémiques régionales aussi interminables que vaines au cours de la décennie écoulée, et espérer un aménagement jusqu'à Aire (soit les deux tiers du parcours) sans que les collectivités locales ne cassent leur tirelire[3].

En avril 2001, la religion de l'État est faite. Jean-Claude Gayssot dévoile le tracé, qui délaisse l'axe Bordeaux-Pau dès Captieux, au sud de la Gironde, pour cingler à l'est du département des Landes sur le chemin des lapins et des bruyères par une petite route forestière. En revanche, le Gers est traversé de part en part via Eauze, Auch et L'Isle-Jourdain. L'itinéraire se poursuit en

Haute-Garonne par la vallée de la Save et approche l'agglomération toulousaine par le nord. Conformément aux desiderata initialement formulés par Jean François-Poncet, le tracé nord par Agen et le territoire du Lot-et-Garonne sont soigneusement évités; de même qu'une hypothèse sud, par Aire-sur-l'Adour et Nogaro.

Le choix de modestes départementales pour accueillir les convois est transparent. Il vise, sans le dire, à éviter des négociations sans fin avec les « grands élus » à propos des axes majeurs d'Aquitaine et de Midi-Pyrénées. D'autre part, et sur un plan plus technique, il dispense de la visite des ensembles routiers la plupart des gros bourgs disséminés entre Langon et Toulouse, ce qui limite au minimum possible les tracas des traversées urbaines. D'ailleurs, cinq maisons seulement (dont trois dans la bourgade gersoise de Vic-Fezensac) devront ultérieurement être détruites sur le tracé.

L'arrivée des convois n'a pas suscité l'enthousiasme de tous. Ainsi à Lévignac, en Haute-Garonne, le premier test programmé en novembre 2003 à l'aide de maquettes embarquées sur les remorques a servi d'exutoire aux doléances des riverains. Photo G. Lestage

Les opposants s'organisent

Mais la décision ministérielle n'emporte pas l'unanimité parmi les populations des cinquante-trois communes concernées qui, très vite, craignent de fortes nuisances. Combattu par le mouvement associatif d'obédience écologiste et par les Verts, l'itinéraire à grand gabarit est également appréhendé avec défiance par des collectifs d'habitants très actifs dans le Gers et en Haute-Garonne. Mais plus au nord aussi, l'enthousiasme s'avère médiocre de prime abord. « Le projet a fait grand bruit. Les habitants craignaient surtout que le passage des convois ne s'accompagne d'un véritable vacarme en pleine nuit. Une association s'est créée pour réclamer une déviation. Dans les petits villages, on se méfie de ce genre de nouveauté », sourit Philippe Bentejac, le secrétaire de la

Un bus-expo pour convaincre

À la fin de l'année 2003, Airbus a entamé une campagne de communication d'un genre original à l'adresse des habitants des zones traversées par le grand itinéraire. Un bus-exposition à deux étages, en référence aux ponts superposés de l'A380, a sillonné les campagnes et s'est arrêté dans chaque village pour délivrer renseignements et documentation à toute personne intéressée. Embarqué à bord, le simulateur de vol sur grand écran a fait un tabac auprès des écoliers du Sud-Ouest; tout comme les bornes interactives qui présentaient le programme A380 depuis ses prémices. Pour Airbus, l'initiative visait à capitaliser la sympathie des populations riveraines du grand itinéraire et à désarmer l'éventuelle hostilité de certains à quelques semaines du début des convois Langon-Toulouse.

3. L'appel d'offres pour la construction de l'autoroute Bordeaux-Pau via Langon devait en définitive être lancé en avril 2005, aux dires de la préfecture de la région Aquitaine.

> C'est l'événement à Demu, dans le Gers, ce 12 novembre 2003. Le « convoi-maquette » progresse dans le centre-bourg. Son passage doit servir à vérifier que le nouvel itinéraire à grand gabarit est délivré de tous les obstacles susceptibles de gêner l'avancée des pièces d'avion vers Toulouse. Photo G. Lestage

> Le Sud-Ouest rural et le plus gros pari industriel de ce début de IIIe millénaire se rencontrent au hasard de la route. Avec curiosité… Photo Sud Ouest

La bataille du pique-prune

On est parfois menacé par beaucoup plus petit que soi. C'est un scarabée de trois centimètres de long, surgi du fin fond des âges farouches, qui a un temps inquiété les responsables d'Airbus. En juin 2002, une association de riverains de Cazaubon-Barbotan, dans le Gers, a argué de la présence de colonies de ce coléoptère autour de l'axe Langon-Toulouse pour demander une rectification du tracé afin d'éviter la traversée de la commune. La préfecture du Gers a alors diligenté une étude entomologique qui n'a pas accrédité cette thèse, mais a seulement évoqué la présence d'habitats potentiels du pique-prune à proximité. En réponse, les défenseurs du scarabée ont décidé d'entamer une procédure juridique auprès des instances européennes pour obtenir gain de cause. Il n'avait pas échappé aux tenants du *statu quo* à Cazaubon-Barbotan que la protection de ce fameux pique-prune avait déjà été brandie en étendard par les opposants au projet d'autoroute A 28 entre Tours et Angers ; avec un certain succès, puisque les travaux y avaient été longtemps interrompus.

mairie de Maillas, une modeste commune du nord des Landes. Ailleurs, comme à Captieux en Gironde, c'est parfois pour refuser une piste de contournement suspectée de couper le bourg en deux que les récriminations surgissent.

Dès le mois de mai, une opération escargot est menée à la limite des départements de la Haute-Garonne et du Gers par des riverains de la vallée de la Save. Dans l'estuaire de la Gironde (pour la sauvegarde de l'esturgeon) comme à Cazaubon-Barbotan dans le Gers (pour celle du scarabée pique-prune), on bûche les doléances sur le volet juridique en espérant une oreille attentive du Conseil d'État ou des instances européennes.

Pour désarmer une opposition qui menace de faire tâche d'huile, les services de l'Équipement ne cessent de faire claquer les syllabes magiques du mot « concertation ». Mais cette tarte à la crème du langage technocratique offre cette fois-ci un certain contenu. Du printemps à l'automne 2001, on multiplie les réunions publiques (vingt-cinq au total) et les entretiens avec les élus sur les problèmes microlocaux posés par le tracé. On ouvre des registres dans chaque mairie. Village par village, rue par rue, on envisage des variantes aux solutions initialement proposées, soit par des déviations, soit par des pistes de contournement exclusivement réservées aux convois de l'A 380. Si bien qu'en fin de compte, la mission grand itinéraire modifie 75 % du

projet de tracé en Haute-Garonne et nombre de ses options initiales dans les autres départements.

En Gironde et dans les Landes, les problèmes sont plus aisés à surmonter. L'émiettement rural et la perspective d'aménagements urbains de qualité dans les villages traversés dissipent une partie des inquiétudes liées aux lourds travaux à venir. « Nous avions réuni le budget pour refaire toute la traversée du centre-bourg et créer une piste cyclable. Airbus est venu se greffer sur notre projet et nous avons pu le programmer en une seule fois alors qu'il nous aurait fallu des années pour en financer les tranches en temps normal. L'objectif était aussi de réduire sensiblement la vitesse dans la traversée de la commune, ce qui a été fait. Le positif l'a emporté », analyse aujourd'hui Alain Cazenave, le maire de Bernos-Beaulac, un village posé sur l'axe Bordeaux-Pau dans les Landes girondines.

Le social n'est pas le moindre des chapitres cultivés par les promoteurs du projet. Avec 171 millions d'euros budgetés, on estime à 2600 le nombre d'emplois générés par le chantier au fil du parcours. En secteur rural, ce n'est pas une paille. Quant au volet environnemental, il est abordé avec un louable empressement. Il est proclamé haut et fort que 6500 arbres (platanes, chênes rouges, micocouliers, mûriers, frênes, robiniers, tilleuls) seront plantés, soit près

Pour les ailes de l'avion, les premiers tours de roue s'effectuent entre le débarcadère de Langon et l'aire de stockage, 200 mètres plus loin. Bientôt, elles seront hissées sur les ensembles routiers, destination Toulouse. Photo G. Lestage

En Gironde, dans les Landes, le Gers et en Haute-Garonne, le premier convoi à fréquenter l'IGG a fait le plein de spectateurs en avril 2004, comme ici à Lévignac. Photo G. Lestage

de quatre pour un arbre supprimé. L'aménagement de passages sous la route est préconisé pour les visons d'Europe et les loutres, deux espèces protégées. On veut bichonner tout autant les lucanes et les capricornes, deux coléoptères, ainsi que les cistudes, des tortues d'eau qui vivent dans la région. La construction d'une piste cyclable sur les 32 derniers kilomètres entre L'Isle-Jourdain et AéroConstellation est largement mise en avant pour attester le soin apporté à la qualité de la vie et au tourisme vert. Bref, ce luxe de petites et de grandes attentions indique clairement que l'État comme Airbus n'ont pas envie de se louper sur un dossier aussi capital…

Lors de l'enquête publique, qui se tient en octobre et en novembre 2001, l'opinion publique n'est plus guère encline à guerroyer, hormis en certains points précis de l'itinéraire. Ça et là, on continue à réclamer des équipements de sécurité complémentaires, en prévision de l'augmentation du trafic routier. Chronomètre en main pour évaluer les temps de parcours largement à l'avantage des grands axes, l'Équipement réfute pourtant l'éventualité d'un report de la circulation de l'A 62 ou de la RN 113 vers l'IGG. On devait opérer un comptage des véhicules au cours de l'année 2005, un an après la fin des travaux, pour vérifier le bien-fondé de cette thèse.

Six mois après le terme de l'enquête publique, le 5 juin 2002, le Premier Ministre Lionel Jospin peut signer la déclaration d'utilité publique qui ouvre les chantiers. Le volet relations publiques de l'A 380 est déjà une réussite. Presque deux ans avant que les premières pièces ne partent pour l'assemblage, l'avion gros porteur trouble, certes, la tranquillité du Sud-Ouest rural, mais ne raidit pas pour autant les populations contre lui dans un réflexe de solidarité agressée.

> C'est l'entreprise Capelle et ses camions Mercedes, les plus puissants du marché, qui ont été choisis pour mener à bon port ces convois très exceptionnels. Photo Sud Ouest

> Même s'il est devenu plus banal, le passage nocturne de l'A 380 dans les bourgades du Sud-Ouest reste un théâtre d'ombres et de lumières prisé par les amateurs de scènes spectaculaires, ainsi à Barbotan dans le Gers. Photo G. Lestage

Des records de vitesse

Quatorze mètres de haut, à quoi ça ressemble ? Aux contours d'un immeuble de plusieurs étages. C'est cette image que l'on choisit généralement pour évoquer les volumes inédits des convois de l'A 380 sur les routes. Elle n'est pas innocente. Elle renvoie au prodige technique qui consiste à faire progresser à travers champs des objets dont la taille n'a d'égale que la valeur et la fragilité. On se délecterait presque au prononcé long en bouche de ces dimensions qui échappent à l'entendement, de ces cinquante-trois mètres de voilure qui forment comme un immense panache à la lente avancée vers Toulouse.

Pour l'A 380 et l'itinéraire à grand gabarit, c'est une petite revanche. Le spectacle des convois leur garantit enfin une notoriété de bel aloi, alors que la campagne de travaux publics qui l'a précédé n'a jamais pu concurrencer l'intérêt que les médias nationaux portaient à la même époque aux progrès du viaduc de Millau, jeté par-dessus la vallée du Tarn moyennant 394 millions d'euros, plus de deux fois les crédits consacrés à l'IGG. « Des opérations routières du montant débloqué pour l'itinéraire à grand gabarit n'ont rien d'exceptionnel. Dans ce cas d'espèce en revanche, ce sont les délais très courts qui le sont. Traité de manière classique, un tel projet aurait sans doute mis dix ou quinze ans à aboutir. Or, entre la décision et la fin des travaux, il ne s'est guère déroulé que trois ans », résume Grégori Mayeur, le responsable des infrastructures et des travaux de la mission grand itinéraire, au sein des services toulousains de l'Équipement.

La célérité avec laquelle le ruban de l'IGG est tricoté de Langon à Toulouse verse ainsi dans la catégorie des records. Après une année pleinement consacrée aux études techniques, les trente-six chantiers menés simultanément au long des 240 kilomètres mobilisent les équipes durant l'an 2003, l'objectif étant de terminer pour les convois tests de l'automne. Les aléas ne sont pas les bienvenus, climatiques par exemple, comme la suffocation qui entrave le labeur au ras du bitume lors de la grande canicule de l'été.

L'ouvrage s'annonce conséquent. Partout, il convient de déplacer ou de rehausser des lignes électriques haute et moyenne tension, d'en enfouir dans les bourgs, d'élargir les chaussées et d'imaginer de drôles de carrefours giratoires dont l'îlot central est tronqué pour mieux laisser passer les camions. Quant aux arbres gênants, ils sont soit coupés, soit élagués. Les travaux sont particulièrement pénibles pour les riverains dans les centres-bourg, où il faut revoir jusqu'à l'implantation du moindre panneau de signalisation. « La réfection du pont sur le Ciron a été très lourde, de même que les travaux sur la chaussée. Pendant tout ce temps, le village a vécu au rythme des feux alternés. Ça n'a pas facilité la vie des gens », se souvient-on à Bernos-Beaulac. À la lumière de l'expérience des premiers convois en 2004, quelques retouches de détail s'avèrent ensuite nécessaires. Elles coïncident avec les derniers travaux connexes, en particulier la seconde campagne hivernale de plantation qui s'achève début 2005.

Si ce n'est la profonde rénovation des abords de la station thermale de Cazaubon-Barbotan, le résultat se fait presque discret dans certains coins des Landes ou du Gers, où l'itinéraire serpente entre oies fermières et poules aux champs, effaçant une affiche publicitaire qui vante les mérites du Floc de Gascogne pour virer un peu plus loin devant celle qui consacre les vertus du vin de pays des côtes de la même contrée. Les panneaux lumineux « igg », plantés au bout de

Une aire de stationnement a été aménagée à L'Isle-Jourdain, dans le Gers, pour accueillir les convois à la fin de la deuxième étape de leur périple de Langon à Toulouse. Ils y stoppent une journée durant, avant de repartir pour AéroConstellation. Photo G. Lestage

leur hampe oblique pour mieux avertir les automobilistes des fermetures de la route et des déviations mises en place, finissent par se fondre dans le paysage. À Eauze, l'un d'entre eux prend possession du talus, en face des cuves des vignerons du Gerland. Deux mondes…

Quand la retouche de l'existant ne suffit pas, on innove. Avec des pistes spéciales A 380 en béton, interdites en temps normal à la circulation par des barrières de bois. Elles sont longues de quelques dizaines de mètres ou ouvrent au contraire de grandes percées dans le paysage, comme à Gabarret, à la limite des Landes et du Gers, sur près de quatre kilomètres pour contourner le village en une large boucle. Loin de toute sanctuarisation, le réflexe d'appropriation de cet espace semi-public est déjà patent. Parfois, le chevron de bois qui en interdit l'accès est brisé. Des voitures s'y engouffrent et stationnent deci de-là, au débouché d'un chemin. Promeneurs, chasseurs et autres… La vraie confrontation avec l'espace habité (et le trafic automobile) attend les convois en Haute-Garonne. Là, les pistes spéciales se multiplient et les détours de l'itinéraire sont légion jusqu'au terme du voyage, où se dévoilent les proportions gigantesques de l'usine Jean-Luc Lagardère.

À l'épreuve des convois

Plus qu'ailleurs, l'aventure des pièces de l'A 380 cause du tracas aux autres usagers de la route sur cette dernière partie du parcours, ainsi que sur la RN 124 entre Auch et L'Isle-Jourdain. Ne serait-ce qu'avec la neutralisation de la circulation au passage des camions, par tronçon d'une quinzaine de kilomètres. Pour réduire les nuisances, on décide de grimer les pièces de l'avion en nomades nocturnes avant même que le premier convoi ne s'ébranle depuis les bords de Garonne. L'avancée vers Toulouse est prévue pour s'effectuer en l'espace de trois nuits, de 22 heures à 6 heures du matin. D'abord de Langon à Eauze, dans le Gers. Puis d'Eauze à L'Isle-Jourdain, sur le versant oriental du département. L'ultime tronçon s'achève à AéroConstellation. Pour de tels convois, faire étape ne se résume pas à se ranger sur le bas-côté et à couper benoîtement le contact. Il leur faut de vastes aires pour stationner. Elles sont aménagées, construites plutôt, si l'on considère l'allure de forteresse de ces parkings protégés, à Langon, Gabarret, Eauze, Ordan-Larroque et L'Isle-Jourdain (dans le sens du parcours). Leurs hautes grilles, les mâts immenses au sommet desquels de puis-

Le haut débit à la campagne

Les travaux le long de l'itinéraire à grand gabarit ont permis d'équiper toutes les communes concernées avec un réseau de fibres optiques, lesquelles sont aux autoroutes de l'information ce que le bitume est aux autoroutes tout court. Cette avancée technologique était une nécessité pour les besoins de l'IGG lui-même, à commencer par le fonctionnement des panneaux d'information à messages variables plantés au bord de la route, celui des caméras de surveillance et du système informatique de guidage des camions. On en a profité pour tirer trois fourreaux de fibres optiques pour les besoins des collectivités locales, de leurs établissements scolaires, de leurs entreprises et de leurs habitants, qui espéraient ainsi avoir accès au très haut débit et aux services multimédias, ce qui reste souvent impossible dans les zones rurales un tant soit peu reculées.

Mais jusqu'au début de l'année 2005, cette possibilité demeurait largement théorique du fait d'un dernier raccordement à effectuer du côté de Toulouse. Le réseau devait alors entrer rapidement en phase d'exploitation. Il n'en demeure pas moins que cet équipement reste une chance pour les cantons qui en seront les bénéficiaires, en particulier pour leur développement économique futur.

L'IGG en chiffres

Contenus jusqu'à leur terme dans une enveloppe de 171 millions d'euros, les travaux de l'itinéraire à grand gabarit ont mobilisé plus de 110 entreprises pour les chantiers à proprement parler, plus de 40 concessionnaires de réseau et 80 bureaux d'études et prestataires de services. 75 % de ces entreprises ont leur siège dans le Sud-Ouest. On évalue à 2600 le nombre d'emplois générés par le projet. Celui-ci a consisté à réaliser cinq aires de stationnement pour les convois, quatre longues pistes de contournement des agglomérations construites en béton et réservées aux transports à grand gabarit (16,2 kilomètres), cinq déviations routières (14,7 kilomètres) et dix traversées urbaines. Pour le reste, il a fallu aménager la chaussée existante sur l'ensemble de l'itinéraire. 175 hectares ont été achetés, 6 500 arbres et 150 000 arbustes plantés (pour 1 500 arbres abattus). 32 kilomètres de piste cyclable en site propre ont été créés entre L'Isle-Jourdain et AéroConstellation.

Tout autant que le passage à faible allure des convois, leurs deux haltes obligatoires à Eauze et à L'Isle-Jourdain sont autant d'occasions de découvrir les proportions gigantesques de l'A380.
Photo Sud Ouest

sants éclairages sont installés prouvent que la surveillance des colis Airbus n'est en rien rangée au rayon des accessoires.

Trois nuits pour avaler 240 kilomètres, le rythme de croisière est des plus modérés. Il est censé ne jamais dépasser les 25 kilomètres/heure. Les traversées urbaines, leurs carrefours et leurs virages ralentissent considérablement la moyenne ; ainsi, à Gimont dans le Gers et à Lévignac en Haute-Garonne, réputées délicates. Pour éviter de réveiller les habitants en éraflant leurs façades, les tracteurs sont équipés d'un système informatique anticollision dernier cri, un logiciel d'assistance au pilotage revu durant l'hiver 2005 pour le rendre plus efficace.

On pourrait presque demander aux riverains d'aider physiquement à la manœuvre. Car depuis que les convois empruntent la route, fin 2003 lors des tests et à compter du printemps 2004 pour les premiers acheminements, l'attraction n'a rien perdu de son attrait. « Il y a presque toujours autant de monde pour venir les voir passer », confirme Alain Cazenave, le maire de Bernos-Beaulac. On prend parfois la voiture dans les communes environnantes pour converger vers le spectacle gratuit prodigué par l'IGG.

Son organisation est réglée comme du papier à musique. Des motards encadrent le convoi qui, au complet (la carlingue et les ailes), comprend six ensembles routiers et s'échelonne sur deux kilomètres. Les surpuissants tracteurs Mercedes traînent des remorques de cinquante-trois mètres de long dont les essieux s'encombrent d'un chapelet de roues directionnelles. Leur chargement envahit la route sur toute sa largeur. En fonction des pièces embarquées, ces camions peuvent peser jusqu'à 235 tonnes chacun. Une soixantaine de personnes au total, escorte comprise, veille au bon déroulement des opérations.

Au chapitre des nuisances, seul le ronflement des moteurs peut être de nature à effrayer les tenants d'un sommeil paisible. Apparemment, les désordres demeurent légers. « Personne ne se plaint. En fait, ce sont les motards qui font le plus de bruit, pas les camions ! », juge-t-on à Maillas. C'est sans doute parce que le problème est traité à la source, en équipant les véhicules et leurs remorques de diverses astuces pour réduire le bruit, comme le silencieux intégré à la conception du système d'échappement. Les consignes données aux chauffeurs poursuivent le même objectif: pas d'accélération brusque ni de freinage intempestif dans les traversées d'agglomération. Un système radio leur permet par ailleurs de communiquer avec les gendarmes et les voitures suiveuses sans le moindre éclat de voix. « Nous avons adopté les normes autrichiennes de lutte contre le bruit, les plus strictes d'Europe en la matière. Un énorme travail de prévention a été effectué en amont. Résultat, les convois ne causent pas plus de nuisances que le trafic habituel. On peut même dire que les véhicules d'escorte sont plus bruyants que les camions », confirme Grégori Mayeur. Une première campagne de mesures du bruit confirme cette assertion courant 2004. Une seconde devait être diligentée à la fin de l'hiver suivant.

À l'aube de 2005, les riverains friands du spectacle attendaient encore avec impatience que la première caravane complète, forte de six camions, ne vienne les saluer. Ce devait être le cas incessamment, les treize convois programmés pour l'année comportant *a priori* l'ensemble de la panoplie de l'A380. Ce n'était pas le cas des dix premiers voyages du cru 2004, qui s'étaient souvent limités à deux camions. Si le gros porteur d'Airbus doit bien être fabriqué durant une trentaine d'années, nul doute que la chronique des villages fournira aux amateurs de quoi assouvir leur curiosité. Avant que, l'habitude aidant, le passage du grand avion dans les campagnes ne devienne le non-événement par excellence: le signe d'une parfaite intégration à la vie quotidienne de ce bout de Sud-Ouest.

EN PAGES SUIVANTES

Lors du premier décollage de l'A380, le 27 avril 2005, les pilotes n'ont pas rentré tout de suite le train d'atterrissage, ni les volets de la voilure. Ils l'ont fait en altitude, à 10000 pieds (3000 mètres) afin de se ménager une marge de sécurité au cas où une anomalie se produirait durant la manœuvre.

Photo L. Theillet

Le cabinet Cardete et Huet relève le défi architectural : dès la construction, les proportions de l'usine sont harmonieuses. Photo J. Le Corre

« L'encombrement » du futur appareil a été visualisé sur ordinateur.

Photo Sud Ouest

Le site Jean-Luc Lagardère

Cette usine, qui fut dans sa phase de construction le plus grand chantier d'Europe, porte le nom d'un bâtisseur : Jean-Luc Lagardère, ingénieur gascon né à Aubiet (Gers), prématurément disparu le 14 mars 2003, qui avait mené à la manière des mousquetaires la conquête d'un véritable empire industriel et médiatique. L'homme avait couronné sa carrière « d'avionneur » à la tête du groupe EADS et il fut, à ce titre, l'un des parrains les plus enthousiastes du projet du gros porteur européen.

Le site a été conçu pour assembler dans un premier temps quatre A380 par mois, mais il est prévu aussi qu'il puisse fonctionner à la « cadence 8 » permettant de livrer huit avions par mois sans que la cohérence industrielle de cet immense atelier n'en soit affectée.

Il s'agit vraiment d'une véritable usine du XXIe siècle, créée selon les écocritères HQE (Haute Qualité Environnementale). Le traitement paysager, avec la préservation d'un bois classé et d'un canal, se trouve associé à l'optimisation de la consommation d'énergie et

La hauteur moyenne des bâtiments est d'environ 45 m. Photo L. Theillet

à l'ergonomie des postes de travail (sécurité, confort visuel, limitation des nuisances sonores).

Quinze spécialistes appartenant à Airbus, placés sous la direction de Guy Weissenbacher, en ont assuré la conception et la construction sur une très courte période : décidés fin 2000 et lancés en décembre 2002, les travaux étaient terminés le 8 avril 2004 pour l'arrivée des trois premiers tronçons de fuselage, prélude à l'inauguration, le 7 mai 2004. Ce jour-là, les officiels et les invités ont pu notamment découvrir les neuf grandes portes coulissantes revêtues d'un habillage en Inox suscitant un effet de miroir.

Le plan de masse de l'usine a été dessiné selon un axe nord-sud correspondant au cheminement de l'avion dans ses phases d'assemblage, depuis la livraison des tronçons au nord du site jusqu'au roulage vers la zone aéroportuaire et la piste d'envol.

La plus grande fonctionnalité a été recherchée pour faciliter la livraison des pièces, l'accès des personnels à leurs postes de travail et la sortie finale des appareils prêts à s'élancer dans les airs.

Les ateliers ont été construits entre décembre 2002 et avril 2004.

Photo Sud Ouest

La partie centrale est constituée par une arche. Là, les tronçons sont présentés à l'assemblage et au façonnage pour donner forme aux avions. Plusieurs halls successifs permettent ensuite l'« assemblage structure », avec la jonction de la voilure au fuselage, les postes « chantier » pour des travaux de modification ou de parachèvement de chaque appareil, puis trois postes « finition » où s'effectuent les réglages et les essais des circuits électriques et hydrauliques, de l'étanchéité des jonctions, etc.

La chaîne de l'assemblage final occupe en tout 100 000 m². Pour les premiers appareils, la superficie allouée aux essais statiques est de 12 000 m², avec des outillages permettant la mise en contrainte de l'avion par des vérins hydrauliques en vue de la certification. De nombreuses autres installations permettent la « pesée » des avions ainsi que les essais carburants (jauges et étanchéité).

Le construction d'un tel site a permis de mettre en œuvre de nouvelles technologies, notamment pour gagner du temps. Les structures métalliques ont été assemblées et équipées au sol, puis hissées à leur hauteur définitive de 46 mètres.

Il est à noter que les architectes qui ont travaillé avec l'équipe de Guy Weissenbacher, Francis Cardete (Cabinet Cardete & Huet), Dominique Chavanne et Pierre-Michel Delpeuch (ADPi), ont su aussi concevoir une zone dédiée au tourisme industriel. Celle-ci, située sur le pignon sud, permet aux visiteurs de voir à la fois l'intérieur de la chaîne d'assemblage et les aires extérieures.

CI-DESSUS

Fin du puzzle. L'avion arrivé en pièces détachées sort, terminé, de l'usine. Photo Airbus

CI-CONTRE

> Les poutres animées réalisent un ballet en plusieurs séquences.

> Idée maîtresse des concepteurs : un bâtiment unique.

Photos L. Theillet

17 T
ADC
MSN007
MASSE A VIDE

Le « façonnage » des avions implique des postes de travail étudiés selon les lois de l'ergonomie. Photo L. Theillet

Tant pour les structures que pour l'outillage, le site Jean-Luc Lagardère constitue la vitrine des technologies industrielles de demain. Photo L. Theillet

Midi-Pyrénées, Aquitaine, Pays de la Loire : les régions s'impliquent

Midi-Pyrénées : les racines du ciel

Sur les 14500 personnes employées par Airbus en France, 12000 travaillent en Midi-Pyrénées, région marquée par plus d'un siècle d'histoire aéronautique. Le mot « avion » y fut inventé par Clément Ader qui, le 9 octobre 1890 à Muret (Haute-Garonne), démontra le premier qu'il était possible de faire décoller du sol un « plus lourd que l'air ». En créant son bureau d'études à Toulouse en 1920, Émile Dewoitine donna le départ d'une épopée qui mêle les grands industriels (Louis Blériot, Henri Farman, Henry Potez, Pierre-Georges Latécoère, René Leduc), les pionniers de l'Aéropostale (Jean Mermoz, Didier Daurat, Antoine de Saint-Exupéry) et les pilotes d'essai comme André Turcat et Jean Ziegler, grands « anciens » des deux hommes qui prirent, le 27 avril 2005, les commandes du plus grand avion commercial de l'histoire, Claude Lelaie et Jacques Rosay.

Le souvenir des temps héroïques n'interdit pas la confiance en l'avenir. Les atouts de la région, dans le domaine aéronautique et spatial, sont autant liés aujourd'hui à son expertise industrielle qu'à ses capacités de recherche et d'invention. L'ONERA, Office national d'études et de recherches aérospatiales, emploie 460 personnes au sein de son pôle toulousain. Le CNES, Centre national d'études spatiales, qui regroupe 1775 collaborateurs en Midi-Pyrénées, met au point fusées et satellites tout en travaillant sur l'observation de la Terre, les télécommunications, l'exploration de l'univers... ce qui en fait un partenaire essentiel pour les industriels. Au potentiel de ces deux grandes entités publiques s'ajoutent celui des laboratoires du CNRS, de l'Institut de mécanique des fluides et ceux de tous les établissements de formation et de recherche tels que les écoles de l'aviation civile, SUPAREO ou ENSICA : 75 % des pilotes et ingé-

Comme ici pour le hall d'assemblage, toutes les installations d'entretien du géant du ciel (près de 80 mètres d'envergure et de longueur, pour les versions futures, et plus de 24 mètres de haut), chez les compagnies clientes, devront être dimensionnées pour l'accueillir. Photo C. Ena

nieurs français destinés à l'aéronautique sont formés en Midi-Pyrénées tandis que deux lycées spécialisés sont soutenus par les entreprises du secteur et les collectivités.
La région se veut aussi accueillante envers les entreprises étrangères. Installée à Blagnac depuis 1978, où elle emploie 575 personnes, la société Rockwell Collins France, siège européen du groupe américain Rockwell Collins, développe des solutions électroniques et informatiques pour les marchés de l'aéronautique, de la défense et des réseaux informatiques. En tant que sous-traitant aéronautique, l'entreprise a bénéficié, en 2003, de la part du conseil régional Midi-Pyrénées présidé par Martin Malvy, d'une aide sous forme d'avance remboursable pour un programme d'investissement stratégique.
Le « plan Ader », résultat d'une convention État-région, a été décidé pour aider les entreprises à renforcer leur compétitivité et à tisser des liens entre recherche et industries. Il a permis d'allouer des aides à l'immobilier et des avances remboursables à 371 entreprises régionales depuis 2002.
Une autre forme de partenariat entre l'État, la région, les collectivités locales et les industriels a été observée lors de l'aménagement, entre mars 2001 et janvier 2004, du site AéroConstellation par la communauté d'agglomération du Grand Toulouse présidée par Philippe Douste-Blazy. Il s'agissait de créer un lieu de 264 ha sur les communes de Cornebarrieu et Blagnac comprenant : le gigantesque hall d'assemblage de l'A 380, le centre de maintenance d'Air France Industries, ainsi que tous les équipements d'intérêt général nécessaires aux activités industrielles. Ce site, qui accueillera à terme 3 000 personnes chaque jour, a été complété par des zones d'habitation sur Blagnac, Beauzelle et Cornebarrieu.
Les présidents de région Martin Malvy (Midi-Pyrénées) et Alain Rousset (Aquitaine) ont souhaité en outre poursuivre la coopération amorcée dans la mise au point d'opérations de relations publiques, notamment lors des salons aéronautiques internationaux sur le thème de la « vallée aérospatiale » des bords de Garonne. Aquitaine et Midi-Pyrénées ont déposé en effet un dossier de candidature à l'appel d'offre « pôle de compétitivité » lancé par l'État français. Ce pôle Sud-Ouest forme en effet la première région européenne des secteurs aéronautiques et représente près de 100 000 emplois et 10 000 chercheurs. Dès 2005, il s'impose en effet comme le *leader* mondial des avions civils de plus de cent places, de l'aviation d'affaires haut de gamme, des turbines d'hélicoptères, des trains d'atterrissage et des batteries d'aéronefs. Ce dossier détaille notamment 36 projets de coopération et il a été instruit grâce à la mobilisation de tous les acteurs du secteur (industriels, laboratoires de recherche et centres de formation). Il bénéficie autant de la forte répercussion médiatique du premier vol de l'Airbus A 380 que de la réussite de toutes les actions coordonnées en matière de transport et d'infrastructure liées à l'ère du gros porteur.

Aquitaine : la force de la géographie

En Aquitaine aussi, l'Histoire a posé pour toujours de premiers jalons prometteurs. À peine avaient-ils réalisé, en décembre 1903 aux États-Unis, le vol considéré comme le véritable début de l'aviation que les Américains Wilbur et Orville Wright venaient expérimenter leurs appareils sur la plaine du Pont-Long, au nord de Pau. Un peu plus tard prit naissance à cet endroit, connu pour son absence de vent, la première école de pilotage du monde. Les atouts du climat et de la géographie jouèrent de tous temps en faveur de l'aéronautique en Aquitaine. L'éloignement par rapport à l'Est au temps des guerres avec l'Allemagne, la disponibilité de grands espaces dégagés à l'heure des concentrations urbaines ont permis de développer aussi bien une industrie de pointe que de grands centres d'essais.
À Bordeaux, capitale régionale, on aime souligner qu'avec 38 500 emplois dans le secteur aéronautique et spatial, l'Aquitaine se situe à la troisième place en France derrière l'Île-de-France et quasiment à égalité avec la seconde, Midi-Pyrénées. Elle occupe même la première place pour ce qui concerne les moteurs d'hélicoptères

Deux ponts et des milliers de pots de peinture pour la nouvelle livrée blanche et bleue. Photo J. Le Corre

Grâce à la barge *Breuil*, les ailes de l'avion du XXIe siècle glissent sous les façades XVIIIe de Bordeaux… Photo Sud Ouest

(avec Turboméca à Bordes, *leader* mondial), les trains d'atterrissage (avec Messier-Dowty à Bidos), les avions d'affaires (avec Dassault à Mérignac, Martignas et Biarritz). Snecma Propulsion Solide a mis au point les technologies de freinage qui équipent trois avions sur quatre (de plus de cent places) dans le monde et motorise les lanceurs Ariane. EADS ST réalise les systèmes d'armes de la force nucléaire stratégique et met au point des véhicules spatiaux.

Avec leur galaxie de sous-traitants, la plupart de ces acteurs de l'économie régionale ont participé au programme A380. Thales, au Haillan, a développé pour le gros porteur un poste de pilotage ergonomique. La société Composites Aquitaine de Salaunes réalise les meubles et les aménagements du *cockpit*. 800 pièces sont produites, pour chaque avion, par Creuzet Aéronautique de Marmande, où se situe aussi la société MGP Asquini qui livre environ 70 pièces destinées, entre autres, au train d'atterrissage et à la pointe de l'appareil. MAP à Serres-Castet fournit les pièces de structure du caisson central – à la jonction entre les ailes et le fuselage – et les cases des trains d'atterrissage dont la partie avant est réalisée par Messier-Dowty à Bidos, près d'Oloron-Sainte-Marie.

La région s'est trouvée aussi fortement impliquée dans la réalisation de l'itinéraire à grand gabarit et des aménagements liés au transport maritime, fluvial et terrestre des éléments de l'A380 qui l'ont amenée notamment à participer à la réhabilitation de l'appontement de Pauillac piloté par le Port de Bordeaux.

Pays de la Loire : l'expertise des matériaux

La région Pays de la Loire a signé avec l'État et Airbus une convention visant à développer la filière aéronautique régionale, qui ne saurait être négligée au prétexte d'une orientation plus traditionnelle dans le domaine de la construction navale. En réalité, un site industriel comme celui de Saint-Nazaire a toujours conservé une activité liée à l'aviation puisque, dès les années 1920, les Ateliers Penhoët, puis les Ateliers et Chantiers de la Loire, en association avec l'entreprise Gourdou-Leseurre, ont construit 257 avions de chasse LGL 32.

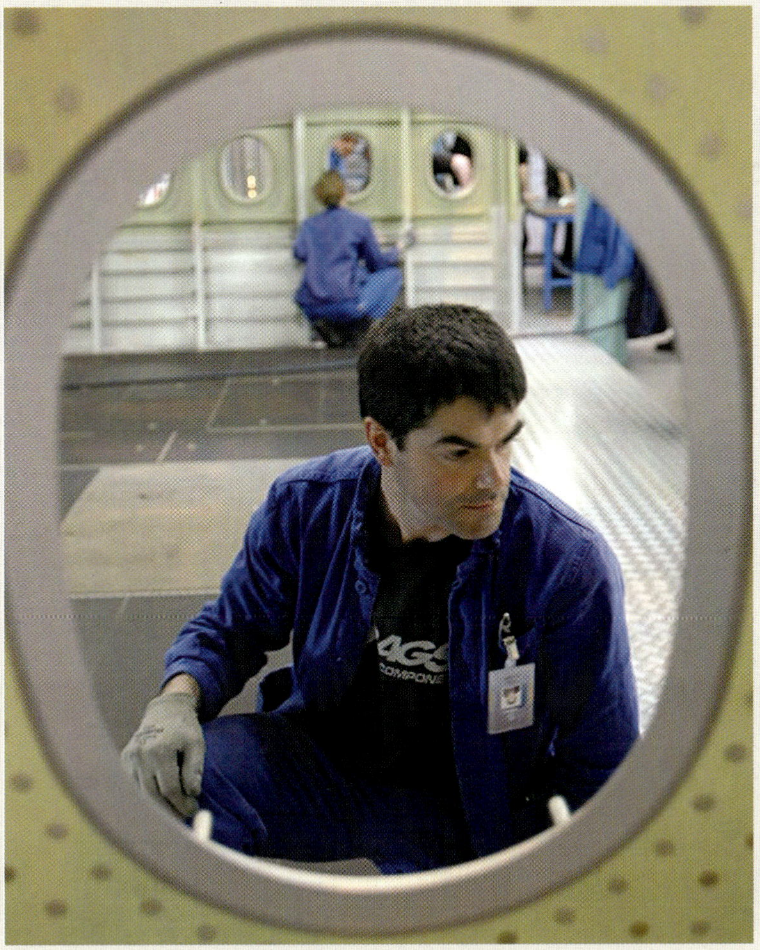

À Nantes et Saint-Nazaire, Airbus a investi plus de 300 millions d'euros… Photos P. Taris (à gauche) et J. Le Corre (à droite)

Après la Seconde Guerre mondiale, l'avion de transport le plus moderne de l'époque – il servit notamment aux déplacements des membres du gouvernement –, le « SO Bretagne », illustrera le savoir-faire de l'industrie nazairienne qui fabriqua, ensuite, 140 unités du biréacteur militaire « Vautour ». Les technologies modernes d'usinage apparaîtront quelques années plus tard au bord de l'estuaire de la Loire avec les premières installations servant à fabriquer le tronçon du supersonique Concorde.

Dans le cadre du programme A 380, Airbus investira plus de 300 millions d'euros sur ses deux sites des Pays de la Loire, à Nantes (1 880 salariés) et à Montoir/Saint-Nazaire (2 270 salariés). Dans le but de développer une expertise dans le secteur des matériaux métalliques et composites, la région a voulu accompagner cet effort. Pour éviter au maximum les délocalisations, les sous-traitants ont été encouragés à satisfaire les demandes de l'avionneur en accordant la priorité à dix domaines technologiques : l'usinage à grande vitesse, l'assemblage de pièces élémentaires, le formage avancé, la technologie *resin infusion*, le fuselage composite, le contrôle non destructif, la productique, le soudage de pièces thermoplastiques, la technologie *resin transfer moulding* et la filière pièces de tôlerie. La technologie *resin infusion* est le résultat des travaux menés en association par l'école centrale de Nantes et le centre de transfert de technologie du Mans. Ils ont notamment permis la réalisation d'une machine susceptible d'indiquer aux ingénieurs les conditions optimales de production des pièces telles que les poutres de plusieurs mètres équipant l'A 380.

Aéroforme, PME nantaise de onze salariés, fait partie des entreprises locales ayant conclu un accord-cadre avec Airbus sur quatre ans, en partenariat avec la Région et les laboratoires de l'école centrale de Nantes. C'est l'exemple type de la coopération établie entre les industries locales et les sites de Saint-Nazaire, réalisant les tronçons du gros porteur, et de Nantes-Bouguenais qui livre le caisson de traversée de voilure, les entrées d'air des réacteurs, les ailerons et le radôme (nez de l'avion).

L'enthousiasme des compagnies, techniciens et ingénieurs s'exprime dans un « jet de casquettes ». Photo Sud Ouest

Une présentation à grand spectacle

Cinq mille invités et, pour la première fois, une sorte de « sommet européen » dans un site industriel. Pour la présentation du nouveau gros porteur, le 18 janvier 2005 à Toulouse-Blagnac, les dirigeants politiques des pays participant à la grande aventure d'Airbus se sont donné rendez-vous. Jacques Chirac, président de la République française, a ainsi retrouvé, sous les projecteurs du hall Jean-Luc Lagardère illuminé, trois chefs de gouvernement : le Britannique Tony Blair, l'Allemand Gerhard Schröder et l'Espagnol José Luis Zapatero. Les discours ont tous mis en avant le symbole de réussite de l'Europe constitué par l'aboutissement de ce pari technologique et industriel. « Ce que nous avons réussi avec Airbus, faisons-le aussi pour l'énergie du futur et les télécommunications de demain, pour les médicaments de l'avenir », a affirmé notamment Jacques Chirac en confiant les espoirs qu'il plaçait dans l'Agence pour l'innovation industrielle dont la création venait d'être décidée par la France afin de développer des « pôles de compétitivité » sur l'ensemble de son territoire.

La rencontre, agrémentée par un véritable spectacle chorégraphique et musical, a permis d'observer l'appareil dans toutes ses dimensions. Les personnalités admises à le contempler ont ainsi découvert l'image inédite d'un avion dont la hauteur équivaut à celle d'une maison à deux étages, doté d'une douzaine de portes et d'un imposant soubassement *(belly fering)* à l'aspect rassurant.

Le show offre aussi l'occasion d'inaugurer les nouvelles couleurs d'Airbus, composées à partir d'une déclinaison de bleu allant du clair au foncé, avec la stylisation d'une sphère sur la dérive. Les formes du logo « A 380 » se sont arrondies, ce qui relance le petit jeu des supputations autour de la présence du chiffre « 8 » dans l'appellation du gros porteur. Est-ce parce que le volume intérieur est comparable à celui de deux cabines d'A 340 (4 x 2 = 8) ou en raison du nombre maximal de passagers pouvant être transportés (800) ou bien encore

Nouvel avion, nouveau logo pour Airbus.
Photo Airbus

Les hôtesses de Singapore Airlines accueilleront les passagers du premier vol commercial. Photo P. Taris

Les hublots éclairés de l'intérieur de l'appareil participent aux jeux de lumières. Photo Airbus

Berlin
EINSTEIN
Bach
Madrid
GOYA
Molière
Monet

– hypothèse la plus fréquente – du caractère porte-bonheur du « 8 » en Asie, l'un des principaux marchés de l'avion ?
Les acheteurs ont été très entourés et se sont pliés de bonne grâce aux sollicitations des journalistes. L'homme d'affaires britannique Richard Branson a ainsi pu expliquer, lors d'une conférence de presse, que sa firme, Virgin Atlantic, comptait installer à bord un casino, un salon de beauté et des lits à deux places. La plupart des compagnies envisagent d'aménager l'avion avec un peu plus ou moins de 500 places, avec le souci partagé d'améliorer les conditions de confort en classe affaires. Il est fort probable cependant que les compagnies *charters* proposeront à terme des agencements portant les capacités d'accueil au maximum envisagé (853 passagers).

Jacques Chirac, président de la République française. Photo Airbus

José Luis Zapatero, chef du gouvernement espagnol. Photo Airbus

Noël Forgeard, président d'Airbus. Photo Airbus

CI-CONTRE
La coopération entre les industries aéronautiques des quatre pays ayant mis leur savoir-faire en commun a inspiré chorégraphes et costumiers à l'occasion du show de présentation. Photo Airbus

Tony Blair, Premier ministre de Grande-Bretagne. Photo Airbus

Gerhard Schröder, chancelier allemand. Photo Airbus

EN PAGES SUIVANTES
Le 18 janvier 2005, après la présentation officielle sur le site AéroConstellation, 1 200 élèves des écoles de l'agglomération toulousaine ont déployé, place du Capitole, une gigantesque photo imprimée sur une bâche de 5 000 m² pesant 2,2 t. Photo D. Viet - www.361.com

A380
Bravo
MAIRIE DE TOULOUSE

380 AIRBUS
t Merci
Grand Toulouse
COMMUNAUTE D'AGGLOMERATION

Sur beaucoup de pistes, les courbes de circulation devront être élargies.
Photo Sud Ouest

Les aéroports du monde s'adaptent au géant

Pour Pierre Graff, président de la société des Aéroports de Paris (ADP), l'accueil de l'A380 est une chance. « Moins polluant, moins bruyant, le nouvel avion contribue à l'optimisation de nos capacités aéroportuaires tout en respectant nos exigences environnementales », a-t-il confié en annonçant la mise en place à Roissy, à l'horizon 2007, de la plate-forme de correspondance *(hub)* la plus puissante d'Europe.

ADP aura notamment construit un nouveau satellite (S3) à l'est des aérogares 2E et 2F. Une salle d'embarquement de 750 mètres de long a été conçue pour accueillir vingt à vingt-six avions dont six A380 au contact. Ces installations ont été dimensionnées sur la version haute capacité du nouvel appareil (750 sièges), même si les premiers modèles ne devraient comprendre que 550 sièges. Les points de stationnement de l'A380 sont tous équipés de trois passerelles.

Côté pistes, les travaux d'infrastructures ont permis d'améliorer les courbes des voies des pistes de circulation, d'élargir les accotements des pistes avec installation de pare-souffle et les ponts sur lesquels passeront les gros porteurs. Contrairement à une idée reçue, l'A380 ne pose pas de problèmes particuliers d'agrandissement ou de renforcement des pistes, mais nécessitera en revanche des modifications, dans près de soixante aérogares, des conditions de circulation sur les *taxiways* et les structures liées aux nouveaux flux de passagers.

La préparation de l'accueil de l'A380 a permis à ADP d'acquérir une expertise internationale reconnue dans l'adaptation des aéroports du monde à l'ère des avions géants. Sa filiale d'ingénierie, ADPi, a été choisie pour la conception du site et la construction des hangars d'assemblage à Toulouse, ainsi que pour la réalisation des ateliers de maintenance de l'A380 de la compagnie Emirates à Dubaï.

À Londres, dès 2005, le terminal 3 d'Heathrow pourra recevoir quatre A380 simultanément. Les autorités aéroportuaires britanniques, voyant dans le nouvel avion une solution pour désengorger des installations saturées, parient à terme sur l'accueil de quatorze A380. En investissant 640 millions d'euros dans de nouveaux aménagements, elles considèrent que 10 millions de passagers supplémentaires pourraient fréquenter leurs installations sans augmentation du nombre de vols.

Un raisonnement identique est observé à Francfort et Munich, qui ont aussi beaucoup investi. Aux États-Unis, New York-JFK a anticipé sur le trafic A380 en créant huit portes supplémentaires.

À Dubaï, site idéalement placé sur la route aérienne de la Chine et de l'Asie, l'effort aéroportuaire est à la mesure de la commande, par Emirates, des quarante-trois gros porteurs qui seront basés sur place : quatre milliards d'euros ont été investis dans une aérogare qui ne comprendra pas moins de vingt-quatre portes dédiées à l'A380.

Les équipages internationaux d'Emirates auront Dubaï pour aéroport d'attache. Photo P. Taris

L'aéroport de Kuala Lumpur (Malaisie), inauguré en 2000, a été conçu en fonction du développement prévisible des liaisons par gros porteurs. Près de Bangkok (Thaïlande), la nouvelle plate-forme de Suvarnabhumi, dès septembre 2005, aura été étudiée pour l'A380. Hong-Kong, en ouvrant son très vaste nouvel aéroport sur l'île de Lan Tao dès 1998, avait prévu cette évolution, également prise en compte à Canton et à Shanghai. À Singapour, le site de Changi a vu l'aménagement de onze portes nouvelles qui seront utilisées dés les premiers vols commerciaux du nouvel appareil.

Selon une hypothèse de travail élaborée par ADP, les 750 passagers d'un A380 auront besoin d'un tapis de livraison de bagages d'une longueur de 100 mètres et mobiliseront au sol, à chaque vol, trente-deux postes de travail pour les seules opérations de contrôle et d'enregistrement.

EN PAGES SUIVANTES

Instant d'émotion, les roues sortent en grappes pour le premier atterrissage. Photo L. Theillet

Image du futur proche : les A380 en attente de livraison. Photo Sud Ouest

F-WWOW

F-WWOW

Les deux pilotes en tête, l'équipage à l'issue du premier vol. Photo L. Theillet

L'équipage

Le premier vol d'un avion nouveau représente toujours un événement public important… même s'il se déroule avec le maximum de discrétion. Avec l'Airbus A380, on est loin en effet du premier vol de l'avion de transport supersonique Concorde, pour lequel avaient été convoqués à Toulouse le ban et l'arrière-ban de la presse nationale et internationale. Des praticables pour les photographes, une tribune et une salle de presse avaient été mis en place. Présents depuis plusieurs jours dans la capitale de Midi-Pyrénées, les 500 et quelques journalistes avaient patiemment attendu que le vent se calme pour que Concorde décolle enfin, le 2 mars 1969, avec à son bord : André Turcat (directeur des essais en vol de la société Aérospatiale, commandant de bord), Jacques Guignard (copilote), Henri Perrier (ingénieur navigant d'essais) et Michel Rétif (mécanicien navigant d'essais)…

Rien de tel avec les différents modèles des Airbus, ces dernières années. Pas de grand show médiatique. Même le premier vol du premier Airbus, le 28 octobre 1972, avec comme équipage Bernard Ziegler, Max Fischl, Pierre Caneill, Gunther Scherer et Roméo Zinzoni, penchait plutôt vers la sobriété médiatique. L'industrie aéronautique européenne se drape désormais dans une tunique de sérieux et demeure sur son quant-à-soi. C'est que si Concorde était unique en son genre, son concurrent le Boeing SST *(Super Sonic Transport)* étant un projet bien vague, tout Airbus se trouve en compétition avec un Boeing on ne peut plus réel. Pas question d'annoncer longtemps à l'avance une date précise pour un premier vol, d'y convier des porteurs de caméras, de micros ou de stylos pour venir assister à l'événement. Tout aléa, tout retard, toute anicroche pourrait être interprétée négativement. On vole d'abord, on fête ensuite.

Claude Lelaie, Jacques Rosay, Jacky Joye, Fernando Alonso, Manfred Birnfeld et Gérard Desbois s'étaient pourtant préparés depuis des années audit événement. Les deux premiers s'étaient partagé la tâche de la conduite proprement dite, sur les sièges à droite et à gauche du *cockpit* et devant le tableau de bord et les commandes

De gauche à droite : Gérard Desbois, Fernando Alonso, Manfred Birnfeld, Jacky Joye, Claude Lelaie et Jacques Rosay. Photo Airbus

de l'avion : à Jacques Rosay le décollage, à Claude Lelaie l'atterrissage. Partage des tâches qui ne doit rien à une quelconque question de préséance entre Lelaie, « patron » de la division des vols d'Airbus, et Rosay, chef des pilotes d'essai ; mais qui répond à un souci d'efficacité et de sécurité : quand l'un agit, l'autre observe. Pas de subordination de l'un à l'autre : une complémentarité.

Avec eux, Gérard Desbois, mécanicien navigant d'essais, dans son rôle de gestionnaire des systèmes (circuit d'alimentation en carburant, circuit hydraulique, circuit électrique...) qui, sur les avions de série en service dans les compagnies, seront automatisés, puisque même ce géant du ciel qu'est l'Airbus A380 sera piloté par un équipage technique de deux pilotes seulement. Le programme d'un premier vol constitue toujours un retour au B. A BA du métier : on postule que tout peut survenir et que seule l'intelligence humaine est capable de résoudre les problèmes susceptibles d'arriver. Les vols d'essais suivants ont justement pour objet, entre autres, de certifier que les automatismes répondent à ce que l'on attend d'eux.

En compagnie de ce trio, trois ingénieurs navigants d'essais : Fernando Alonso, Jacky Joye et Manfred Birnfeld. Le premier était en quelque sorte le maître de cérémonies ou le chef d'orchestre de ce premier vol. Il était censé tout connaître du nouvel avion, être capable d'analyser toute anomalie et de fournir la solution. Quant au second, il se consacrait plus spécialement à la surveillance des quatre moteurs Rolls-Royce Trent 900, la grande nouveauté de l'appareil. Jacky Joye est le spécialiste « moteurs » de l'équipe Airbus.

Les uns et les autres, avant ce premier vol, avaient bien entendu déjà eu l'occasion de voler ensemble, que ce soit lors d'inaugurations d'autres modèles de la famille Airbus, ou lors d'essais plus « quotidiens », si l'on peut utiliser pareil qualificatif pour des missions d'exploration et de découverte qui comportent toujours leur part d'inconnu. Et ce, malgré la répétition préalable de ces vols sur des simulateurs sophistiqués, qui permet de balayer la totalité de leur déroulement, y compris les possibles surprises qu'ils réservent aux équipages...

Le trafic routier autour de l'aéroport de Toulouse-Blagnac ce mercredi 27 avril a été très perturbé. Photo F. Cottereau

L'envol d'un beau géant

Au matin du mercredi 27 avril 2005, le ciel est bleu et la route du ciel est large. L'A380 aussi ! À 10h29, le nouvel avion quitte pourtant la piste 32 de Blagnac avec autant de facilité que le petit appareil d'escorte parti deux minutes plus tôt. Le bruit de ses réacteurs s'est à peine entendu, mêlé aux exclamations et applaudissements de la multitude de ses admirateurs, qu'il s'agisse des officiels et du personnel d'Airbus ou, au-delà des grillages, des spectateurs venus – parfois de très loin – pour la circonstance. Claude Lelaie et Jacques Rosay sont aux commandes. Ils virent au sud sous les vivats de plusieurs dizaines de milliers de personnes. Au même moment, à l'Élysée à Paris, un huissier remet à Jacques Chirac la dépêche qui lui permet d'annoncer la réussite du décollage au Conseil des ministres. Les membres du gouvernement applaudissent.

Le site de Toulouse-Blagnac a été littéralement pris d'assaut.
Photo L. Theillet

CI-CONTRE
Manœuvres avant le décollage. Photo L. Theillet

AIRBUS

Place du Capitole au cœur de Toulouse, un écran géant retransmet l'événement. Trois mille personnes retiennent leur souffle, puis donnent libre cours à leur joie tandis que le géant du ciel quitte l'écran, happé par l'espace. La voix de Claude Nougaro s'élève, chantant *Ô Toulouse*, devenue l'hymne de la ville dans les jours sombres comme dans les matins de liesse tels que celui-ci. L'expression : « C'est le Concorde du peuple » fait florès dans la foule. Au vu de ses capacités d'accueil, il est permis à tous comme à chacun de rêver de partir un jour à bord du beau géant ou, plus prosaïquement, de trouver un emploi grâce aux retombées économiques du programme.

À l'altitude choisie, 3000 mètres, l'avion rentre ses trains d'atterrissage et survole Bordeaux. Il va rejoindre les Pyrénées en décrivant un arc au-dessus du golfe de Gascogne, testant ses volets à différentes vitesses et altitudes, mesurant ses variations d'équilibre grâce à des ballasts remplis d'eau. Toutes les données recueillies en vol arrivent en temps réel aux ingénieurs restés au sol. Il y en a des centaines de milliers, cryptées et enregistrées – jusqu'à la plus petite vibration – par des ordinateurs à grande capacité.

Un peu plus tard, l'appareil surplombe la splendeur pyrénéenne. Les caméras de l'escorteur le saisissent au-dessus des cimes enneigées, majestueux comme l'aigle. Il est temps de rentrer à la maison, par la voie sud-est, en passant par Tarbes et Carcassonne, puis en respectant une orbe très large à basse altitude autour du Grand Toulouse. Il est 14h23 lorsque l'appareil pose ses roues à l'endroit même de son point de départ. Il n'a pas besoin d'inverser la poussée de ses réacteurs. Les freins suffisent à l'immobiliser. Claude Lelaie ouvre la vitre de son *cockpit* et sort un Caméscope pour filmer le public. Quelques minutes après, sur la passerelle, Noël Forgeard, le président d'Airbus, le prend dans ses bras. Place du Capitole, les enfants remplissent des cartes postales accrochées à quelques-uns des 25000 ballons.

Médiatisé et sécurisé à l'extrême, un vol inaugural n'en constitue pas moins une épreuve d'essai, la plus attendue. Charles Champion, le

Surveillance maximum pour cette journée qui a nécessité la mise en place d'importants dispositifs de police. Photo F. Cottereau

directeur du programme A380, peut enfin s'exclamer après un rapide entretien avec les pilotes : « Un avion, c'est toujours un compromis entre diverses exigences et je crois que nous avons trouvé le bon. » Jacques Rosay confie de son côté aux journalistes du monde entier : « Cet avion est aussi facile à piloter qu'une bicyclette ! » Comme pour démentir le reproche de cacher quelque chose, Claude Lelaie ajoute : « Ce serait mentir de dire que tout était parfait, mais il n'y avait rien de significatif. »

Amusés, les bons connaisseurs du monde aéronautique remarquent le matricule en forme de clin d'œil attribué à l'avion pour cette première sortie : F-WWOW. Une abréviation américaine qui peut se traduire par « qu'il est beau, qu'il est formidable ». Une autre aventure commence, celle des essais à fortes contraintes, avec décrochages et simulations de panne. Rien ne peut être abandonné au hasard.

La place était chère pour les photographes venus par centaines du monde entier. Photo F. Cottereau

Empressement et acclamations de la foule au décollage de l'avion-star. Photo F. Cottereau

EN PAGES SUIVANTES
421 tonnes à la conquête du ciel. Photo L. Theillet

AIRBUS
001
KOREAN AIR
ETIHAD
ILFC

BUS A380

Lors du premier vol, un petit biréacteur « Corvette » accompagnait l'A380, afin de vérifier notamment les manœuvres de rentrée et de sortie du train d'atterrissage et des volets. Photo L. Theillet

CI-CONTRE

> Train et volets n'ont été rétractés qu'en altitude, après le premier décollage, afin de parer à toute éventuelle anomalie. Photo F. Cottereau

> L'équipage navigant félicité par… l'équipe dirigeante d'Airbus. Photo L. Theillet

AIRBUS
AIR FRANCE
CHINA SOUTHERN
Emirates
ETIHAD
FedEx
ILFC
KOREAN AIR
Lufthansa
malaysia
QANTAS
QATAR AIRWAYS
SINGAPORE AIRLINES
Thai
ups
virgin atlantic
001

L'escadrille des « best-sellers », précurseurs de l'avion géant. Photo Airbus

Chronologie

1967

> Le **26 septembre**, une simple lettre d'intention, signée par les représentants des gouvernements français, allemand et britannique, permet à la presse de parler pour la première fois, non sans scepticisme dans certains titres, d'un « avion européen ». Comme elles l'ont déjà fait pour Concorde – dont le premier vol est prévu en 1969 –, mais avec la participation de l'Allemagne cette fois, la France et la Grande-Bretagne décident d'unir leurs forces en vue de la mise au point et de la commercialisation en commun d'un appareil commercial. Il s'agit de réaliser l'Airbus A 300, un biréacteur moyen-courrier susceptible de décoller avec 300 passagers. Le premier protocole confie à Sud-Aviation, installé à Toulouse, le rôle de maître d'œuvre appuyé sur les technologies de Deutsche Airbus (RFA) et Hawker Siddeley. Il est prévu que Français et Britanniques assument chacun 37,5 % des coûts de construction de la cellule et les Allemands 25 %. Rolls-Royce sera maître d'œuvre pour les moteurs, en partenariat avec Snecma (France) et Man Turbo (RFA).

> Le **11 décembre** à Toulouse, le Concorde 001 est présenté, au sol, à 1 200 invités. Les avancées technologiques illustrées par cet avion mythique en feront le symbole de la capacité des Européens à rivaliser avec leurs homologues américains. Aussi est-il considéré comme l'ancêtre des Airbus qui, en trois décennies, ont conquis des parts de marché significatives à travers le monde.

1968

> Le **30 septembre**, au nord de Seattle, le Boeing 747 sort de la ligne d'assemblage de Paine Field et suscite l'étonnement : tout semble énorme et démesuré dans cet « appareil-éléphant » aussitôt surnommé « Jumbo Jet ». Dans la version initiale présentée par le constructeur, il est prévu qu'il embarque 385 passagers, mais il sera possible à moyen terme de l'équiper de façon à en accueillir beau-

coup plus. Les « avions géants » quittent le domaine de la science-fiction : les succès commerciaux et la très longue carrière du 747 le démontreront amplement.

1969

> Le **29 mai**, les gouvernements concernés accordent leur feu vert pour la traduction industrielle des pourparlers autour du projet de l'A 300. La construction débute en septembre et se caractérise par la coopération transfrontalière. L'Aérospatiale, reprenant les missions de Sud-Aviation, se charge de l'avant de l'appareil et de la partie centrale intérieure du fuselage, ainsi que des supports des deux réacteurs et de l'assemblage final à Toulouse. Deutsche Airbus (RFA) s'occupe de la réalisation du fuselage et de l'empennage tandis que le Britannique Hawker Siddeley s'associe au Néerlandais Fokker dans la production de la voilure. Les moteurs des premiers appareils seront des réacteurs double flux, conçus par la General Electric, mais fabriqués sous licence en France par la Snecma.

1970

> Le **18 décembre,** à Toulouse, le consortium Airbus Industrie est officiellement créé.

1972

> Le **28 octobre**, à Toulouse, le premier Airbus porteur de la marque, l'A 300-B1, effectue son vol initial. Malgré un carnet de commandes encore peu fourni, il est jugé comme « l'avion de l'avenir » par la majorité des experts aéronautiques.

1974

> Le **23 mai**, 250 invités choisis par Air France assistent à un défilé de mode en plein ciel. C'est l'animation prévue par la compagnie à l'occasion de la mise en service commerciale, entre Paris-Roissy et Londres-Heathrow, de son premier A 300. Le vol dure 41 minutes.

1977

> Le **18 novembre**, un A 300 européen effectue son premier vol régulier entre Newark et Miami. Cette « percée » en Amérique du Nord a été favorisée par la location de quatre appareils à la compagnie Eastern Air Lines, pour une expérience de six mois. Malgré les barrières psychologiques et économiques mises à l'entrée d'Airbus aux États-Unis, l'A 300 fait la preuve de ses atouts.

1982

> Le **3 avril**, l'A 310 réalise son premier vol. Avant même sa mise en service prévue pour l'année suivante, cet appareil voisin de l'A 300, mais avec un plus large rayon d'action, a fait l'objet de 88 commandes fermes et de 90 options. Prix unitaire : 48, 3 millions de dollars.

1984

> Le **2 mars**, à Londres, la France, l'Allemagne fédérale, la Grande-Bretagne et l'Espagne décident de poursuivre leur coopération au sein d'Airbus Industrie et de la concrétiser par le lancement du programme A 320, « petit » biréacteur européen susceptible d'être piloté à deux (sans mécanicien navigant). Il est prévu que cet appareil, d'une capacité de 150 passagers, vole en 1988. Cinq compagnies se sont mises sur les rangs pour en disposer au plus tôt, ce qui correspond à 96 commandes.

1987

> Le **22 février**, à Toulouse, l'Airbus A 320 effectue son vol inaugural. Cet appareil marque la totale alliance de l'aéronautique et de l'informatique. Il s'agit du premier avion dessiné et réalisé par ordinateur, grâce aux techniques de CAO et de FAO (conception et fabrication assistées par ordinateur). Son habitacle, conçu pour un pilotage à deux – ce qui va entraîner une longue polémique – dispose de six écrans cathodiques fournissant en données numérisées les informations jusqu'ici apportées par les cadrans. Deux manches de contrôle latéraux, évoquant les *joysticks* des consoles de jeux, remplacent les traditionnels « manches à balai ».

1990

> Le **8 juin**, à Toulouse, Jean Pierson qualifie 1989 de « très bonne année » avec d'excellentes perspectives à court et à moyen terme. Vingt ans après sa création, le consortium européen a vendu 1 441 appareils à 91 clients. 602 appareils en service dans le monde ont doublé le cap des sept millions d'heures de vol. Dans le secteur des avions de 210 à 250 places, les Européens ont conquis 56 % du marché mondial. Les compagnies du Proche-Orient, d'Asie et d'Australie ont résolument fait le choix d'Airbus, mais Boeing garde des positions majoritaires en Amérique du Nord et du Sud.

> Le **21 novembre**, à Saint-Nazaire, de nombreuses personnalités et des employés d'Airbus venus de tous les sites de construction et de

maintenance disséminés dans le monde rejoignent la « cité des chantiers navals » pour la présentation de la partie avant de l'A 340-300. Une occasion de découvrir le bâtiment Comète de l'Aérospatiale qui abrite, sur 17 000 m², une chaîne modulaire approvisionnée par seize autres usines, dont celle de Nantes, dans le même département. Saint-Nazaire a accueilli la construction d'avions dès 1922, lorsque les chantiers navals cherchaient une diversification dans les hydravions. Les ateliers fabriquant les éléments Airbus se trouvent donc à proximité de ceux qui réalisent méthaniers et bateaux de croisière. Une association qui permet de rêver à un futur « paquebot du ciel »…

1991

> Le **25 octobre**, à Toulouse, le vol initial de l'A 340 apporte une consécration nouvelle au consortium. Il devient en effet, grâce à son dernier-né, un acteur majeur sur le segment le plus prestigieux du marché des avions commerciaux : celui des gros porteurs long-courriers. Le nouvel avion dispose d'un rayon d'action allant de 8 500 km à 13 400 km, selon les versions. À partir d'une cellule identique, Airbus peut s'adapter à la demande de ses clients en leur fournissant soit un biréacteur moyen-courrier, soit un quadriréacteur long-courrier. Au jour du premier vol, 258 commandes, émanant de 29 compagnies, ont été passées.

1993

> Le **11 mars**, à Hambourg, Airbus Industrie lève le voile sur l'A 321, le troisième modèle présenté en dix-huit mois. La particularité de cet avion, qui constitue une version « rallongée » de l'A 320, est surtout d'être le premier à être assemblé loin de Toulouse et à effectuer un vol inaugural de 4 h 40 au départ de l'Allemagne. Il peut décoller avec 200 passagers pour une autonomie de 4 300 km.

> Le **30 mars**, à Toulouse, le 1 000ᵉ Airbus construit, un A 340, atterrit à Roissy-Charles-de-Gaulle en provenance de Washington.

> Les **17 et 18 juin**, alors que les industriels de l'aéronautique du monde entier et les responsables des compagnies aériennes se retrouvent au salon du Bourget, un A 340-200 bat quatre records. Cet appareil, baptisé *World Ranger*, a d'abord réussi en effet à rallier Le Bourget à Auckland aux antipodes en 21 h 31, réalisant à la fois une première sur cette distance et le plus long vol sans escale jusqu'alors jamais effectué par un avion de ligne. Son vol retour Auckland-Le Bourget a constitué une autre performance et l'ensemble de l'équipée a permis de signer le tour du monde le plus rapide de toute l'histoire de l'aviation, en 48 h 23. L'équipage de cinq hommes était dirigé par Pierre Baud, chef pilote d'essai d'Airbus Industrie.

> Le **21 octobre**, à Toulouse, Airbus Industrie obtient le même jour, pour l'A 330, la certification des autorités américaines (FAA) et européennes (JAA).

> Le **24 novembre**, à Toulouse, Stephen Wolf, président de la compagnie américaine United Airlines, vient prendre livraison en personne de sa commande du premier des cent A 320.

> Le **6 décembre**, à Filton, la princesse Diana baptise le premier A 340 de la firme Virgin Atlantic Airways, à la demande de son président Richard Branson. Ami de Lady Di et du patron de Virgin, le chanteur Elton John compose et interprète pour la circonstance la chanson *Lady in red*, allusion à la couleur de la livrée de l'appareil.

1994

> Le **13 septembre**, à Toulouse, le Beluga, *alias* l'A 300-600 ST, prend les airs pour la première fois. « ST » désigne le « Super Transporteur » de l'avionneur, car il a été en quelque sorte conçu à « usage interne » et sera chargé d'acheminer les différents tronçons des appareils en construction dans les usines européennes du consortium. Les capacités de ce cargo – qui transporte deux fois plus de fret deux fois plus vite que le Super Guppy américain – donnent à penser que la firme surmonte de mieux en mieux le handicap constitué par l'éloignement entre les usines des pays partenaires.

1995

> Le **20 janvier**, à Toulouse, Airbus Industrie livre à United Airlines le 500ᵉ A 320. Aucun avion européen n'avait jamais été fabriqué à un tel nombre d'exemplaires.

> Le **31 mars**, à Hong-Kong, deux pilotes de Cathay Pacific obtiennent une triple qualification sur A 320, A 330 et A 340. Les plus récents appareils d'Airbus présentent en effet l'avantage de disposer de postes de pilotage et d'un système de commandes de vol similaires, ce qui permet aux compagnies d'économiser les coûteux stages d'adaptation des pilotes.

> Le **13 juin**, à l'ouverture du salon du Bourget, Airbus présente pour la première fois une maquette en trois dimensions d'un avion baptisé A3XX. Il n'est question alors que d'une réflexion autour d'un appareil à grande capacité. Les observateurs des milieux aéro-

Dès le début de la conception de l'avion, des images de synthèse l'ont « fait voler » aux couleurs des compagnies clientes. Photo Airbus

nautiques en tirent cependant la conclusion que l'idée de construire un avion géant n'effraie pas les ingénieurs du consortium européen.

1996

> Le **2 avril**, Airbus crée une division spéciale se consacrant à la conception de l'A3XX.
> Le **16 mai**, les responsables commerciaux d'Airbus reçoivent, dans un hôtel proche de Carcassonne, les représentants des principales compagnies aériennes mondiales. Il s'agit de recueillir leurs réactions à propos d'un projet de « géant des airs ». Malgré la prudence de certains participants, le test est concluant : la plupart des groupes aériens « demandent à voir ».

1997

> Le **22 janvier**, Boeing annonce l'arrêt de son programme 500 X/600 X.

1998

> Le **1er avril**, Jean Pierson quitte ses fonctions à la tête du consortium d'Airbus, sans dissimuler qu'il ne dispose d'aucune assurance quant à la concrétisation du programme A3XX qui a mobilisé plus de 700 ingénieurs, la possibilité d'une coopération avec Boeing ayant même été envisagée pendant près d'une année. Le coût global du projet continue à inquiéter, à cette époque, les quatre actionnaires d'Airbus : Aérospatiale (France), Dasa (Allemagne), BAE (Grande-Bretagne) et Casa (Espagne).
> Le **2 avril**, Noël Forgeard, nouveau patron d'Airbus, veut en finir avec une organisation compliquée, voire bancale, l'avionneur européen ne s'occupant que de commercialisation tandis que ses industriels actionnaires dirigent les bureaux d'études et les usines. Pour Noël Forgeard, « il n'y aura pas d'A3XX tant qu'Airbus ne sera pas une entreprise comme les autres capable d'y voir clair dans ses coûts de production ».
> Le **9 juin**, à Toulouse, lancement d'un programme étalé sur six ans destiné à étudier les « charges sur pistes », pour déterminer l'im-

Photos Airbus

pact de la masse du futur appareil A 380 sur le revêtement des tarmacs. Les autorités aéroportuaires du monde entier accueillent très favorablement cette démarche, qui démontrera que l'effet de l'avion géant ne sera pas plus important sur les pistes que celui des avions déjà en service.

1999

> Le **14 juin**, au salon du Bourget, les rumeurs autour de l'A3XX sont nombreuses et les paris sont ouverts quant aux réelles possibilités de le réaliser ou non. Pendant ce temps, des négociations sont menées dans le plus grand secret autour d'un projet de fusion entre l'allemand Dasa et l'Aérospatiale, qui donnera le nouveau groupe EADS dont Jean-Luc Lagardère annonce la création, début juillet, à Jacques Chirac et à Lionel Jospin. Les « deux têtes de l'exécutif » posent une même condition pour bénir l'union : que l'État français ne soit pas exclu du capital du nouvel ensemble et que la construction de l'A3XX reste une priorité.

2000

> Le **30 avril**, M. Noël Forgeard part à Dubaï pour signer avec Emirates Airlines la première commande ferme pour cinq appareils. Les collaborateurs du président Clinton menacent aussitôt de saisir l'Organisation mondiale du commerce à propos des aides publiques versées par les gouvernements européens à l'avionneur.

> Le **23 juin**, les journalistes se pressent dans un grand hôtel parisien pour la confirmation officielle d'une information jusqu'alors incertaine : le « super avion » d'Airbus sera bel et bien mis en chantier, les négociations sur la répartition du travail entre les différents partenaires européens ayant finalement abouti. La pression des dirigeants politiques, séduits par un projet mobilisant 10,7 milliards d'euros et 150 000 salariés du continent, a été forte. Jean-Luc Lagardère déclare : « Le match Boeing-Airbus sera la bataille du prochain millénaire. » L'A3XX devient l'A 380. Selon certaines sources internes, la présence du chiffre 8, symbole de bonheur et de prospérité, correspond à une image de plénitude susceptible de participer à la séduction de l'appareil sur les acheteurs de la zone Asie-Pacifique.

2001

> Le **31 janvier**, à Paris. Réuni au palais de l'Élysée, le Conseil des ministres opte pour la très rare procédure dite d'extrême urgence pour l'aménagement d'un itinéraire routier à grand gabarit entre Langon (en Gironde) et Cornebarrieu (en Haute-Garonne). Ce choix va permettre de hâter les expropriations nécessaires à l'élargissement des chaussées et à la construction des déviations où passeront les convois routiers chargés d'acheminer les plus grosses pièces du futur avion jusqu'au hall d'assemblage toulousain.

> Le **29 mai**, le Parlement adopte définitivement la loi qui définit l'itinéraire à grand gabarit Langon-Toulouse d'« infrastructure à caractère national ».

2002

> Le **5 janvier**, à Nantes, premiers copeaux liés à la production d'un A 380.

> Le **15 mars**, à Brême, début de la mise en fabrication du « géant du ciel », les autres sites allemands, Varel, Nordenham et Stade se mettent en production dans les semaines suivantes.

> Le **5 juin**, Lionel Jospin, le Premier ministre en exercice, signe la déclaration d'utilité publique (DUP) des travaux entre Langon et Toulouse.

> Le **12 août**, à Filton (Royaume-Uni), première découpe du métal de la voilure.

> Le **10 décembre**, le hall Polaris 2 est inauguré à Saint-Nazaire. Les travaux auront duré un an. Ce hall abritera l'atelier d'assemblage du fuselage central de l'A 380. À Saint-Nazaire également est construit le hall Comète 2, occupant 7 000 m². Le programme A 380 a par ailleurs entraîné l'extension du hall « peinture » et l'aménagement de 20 000 m² de chaussée lourde pour permettre la circulation des convois.

2003

> Le **15 janvier**, à Toulouse, le seuil des 100 commandes est franchi.

> Le **13 février**, à Illescas (Espagne), livraison des éléments de fuselage arrière de l'A 380, soit la première grande section « tout car-

bone » jamais réalisée dans toute l'histoire de l'aviation civile. Cette performance technique a été rendue possible grâce à la mise au point sur le site industriel espagnol de nouvelles machines de placement de fibres correspondant aux évolutions les plus récentes des matériaux composites. Au même moment, en Espagne toujours, se poursuivaient à Getafe l'assemblage de l'empennage horizontal et, à Puerto Real, la finalisation de la partie centrale du carénage ventral, aux dimensions tout à fait inédites dans l'industrie aéronautique : 32 m de long, 10 m de large et 4 m de haut.

> Le **5 juillet**, à Broughton, au pays de Galles, un bâtiment de 83 500 m^2 est inauguré. Baptisé « West Factory », il est destiné à l'assemblage des voilures du « géant ». Il s'ajoute à trois ateliers spécialement édifiés pour l'A 380, notamment un hall de 21 500 m^2 consacré à la fabrication des lisses des panneaux de revêtement.

> Le **11 mai**, à Hambourg, inauguration du hall d'assemblage des « éléments constitutifs majeurs » de l'A 380. À proximité se trouvent un hall consacré aux aménagements intérieurs, un centre de livraison, deux halls de mise en peinture, un hangar prévol et une aire de point de fixe moteur. L'ensemble occupe une superficie de 140 ha, mais il ne s'agit pas des seules installations en Allemagne : sur le site de Brême, la fabrication de certains composants aluminium a été lancée dès mars 2002, tandis que les usines de Nordenham et de Stade déclenchaient leurs fabrications.

> Le **15 juin**, les conseils régionaux d'Aquitaine et de Midi-Pyrénées présentent au salon du Bourget la « vallée européenne de l'aéronautique et de l'espace ». Leur stand commun accueille 42 entreprises du grand Sud-Ouest sur 700 m^2, en partenariat avec les chambres de commerce et d'industrie des deux régions.

> Le **16 novembre**, à Toulouse, inauguration du bâtiment abritant le simulateur du poste de pilotage de l'A 380, ainsi que l'*iron bird*, un banc de simulation et de vérification de l'intégration des systèmes.

2004

> Le **12 janvier**, à Hambourg, la première partie avant de fuselage quitte le hall d'assemblage pour être acheminée par bateau à Saint-Nazaire. C'est la première fois qu'un tronçon complet de l'A 380 est transporté par voie maritime.

> Le **20 février**, à Saint-Nazaire, le premier tronçon central d'Airbus est hissé par deux grues de 28 t et placé sur une remorque. Il sera transféré au hall de peinture dans la nuit du dimanche 22 au lundi 23 février, puis transporté à Toulouse à la fin du mois de mars.

> Le **27 février**, à Nanjing, dans l'est de la Chine, le bateau « ro-ro » (roulier à double coque) qui sera chargé du transport des pièces de grande taille en Europe est baptisé *Ville de Bordeaux* au cours d'une cérémonie organisée aux chantiers navals Jinling.

> Le **9 mars**, le Port de Bordeaux inaugure ses installations de Pauillac dédiées à l'A 380. Il s'agit de la renaissance d'un site, partiellement détruit en 1944, mais chargé d'histoire : La Fayette y embarqua pour l'Amérique à bord de *La Victoire* et les frères Pereire, fondateurs de la Transat, y créèrent la Société des appontements de Pauillac pour leurs paquebots desservant le Nouveau Continent. Aux débuts de la poste aérienne, le courrier était livré aux paquebots en partance par un avion effectuant la liaison Villacoublay-Pauillac. La réhabilitation du port et son adaptation à la logistique de l'A 380 a entraîné un investissement de 4,5 millions d'euros, financé par le Port de Bordeaux avec l'aide de la Région, du conseil général, de l'Europe au titre du Feder et d'Airbus Industrie.

> Le **30 mars**, à Bordeaux : après de multiples essais avec des colis tests, la barge *Le Breuil* se risque pour la première fois sous le pont de Pierre, chargée d'une pièce d'A 380.

> Le **2 avril**, à Toulouse, Air France inaugure sur le site AéroConstellation, non loin du hall Jean-Luc Lagardère, son nouveau centre industriel baptisé « la Croix du Sud ». Il est destiné à la maintenance des avions de ligne.

> Le **5 avril**, à Langon, le premier convoi des pièces de l'A 380 prend la route de Toulouse à travers les départements de la Gironde, des Landes, du Gers et de la Haute-Garonne. Il arrivera sans encombre à destination trois nuits plus tard.

> Le **17 mai**, le moteur Rolls-Royce Trent 900 est installé sur un A 340-200 pour des essais en fonctionnement continu.

> Le **3 juin**, le navire *Ville de Bordeaux*, en provenance du chantier naval de Nanjing où il a été fabriqué, effectue sa première escale à Pauillac (Gironde). En chemin, trois jours avant, il a embarqué à Cadix (en Espagne) l'empennage arrière de l'Airbus A 380. Le *Ville de Bordeaux* (154 m de long) est armé par Seaplane One, société résultant d'un accord entre Louis Dreyfus Armateurs et le norvégien Hoëg dont le représentant à Bordeaux assure la manutention.

2005

> Le **18 janvier**, 5 000 personnalités assistent à la présentation de l'avion sous le hall Jean-Luc Lagardère en compagnie des quatre principaux dirigeants politiques européens : Jacques Chirac (France),

L'A 380 aura un « petit frère » en 2010 : l'A 350, concurrent du Boeing 7E7. Photo Airbus

Tony Blair (Grande-Bretagne), Gerhard Schröder (Allemagne) et José Luis Zapatero (Espagne).

> Le **26 mars**, à l'occasion de la foire internationale de Toulouse, les visiteurs peuvent s'installer aux commandes d'un A 380 grâce à un simulateur de vol. Le conseil régional Midi-Pyrénées annonce que 4 000 étudiants sont en formation dans les lycées et établissements d'enseignement supérieur préparant aux métiers de l'aéronautique.

> Le **9 avril**, à Langon, la barge *Brion* a été baptisée. Il s'agit du *sister-ship* du *Breuil*, chargé d'acheminer les tronçons de l'A 380 entre Pauillac et Langon, en fonction depuis le début de l'année précédente. Jusqu'à cette date, les éléments de sept avions ont été acheminés par voie fluviale et la navette Pauillac-Langon se poursuivra à la cadence d'un avion par mois, soit quatre allers-retours mensuels pour les barges. En cas de confirmation du succès de l'A 380, la cadence pourrait passer en 2008 à un avion par semaine, ce qui induirait seize allers-retours mensuels. D'où la nécessité de disposer de deux barges, la Socatra, chargée du transport, voulant éviter les risques liés aux pannes ou aux impératifs de la maintenance.

> Le **17 avril**, à Londres, le *Sunday Times* cite une étude commandée par Boeing au terme de laquelle « entre 2006, l'année du premier vol commercial, et 2015, le programme (A 380) devrait produire une trésorerie négative de 8,1 milliards de dollars ». Selon le journal britannique : « Les auteurs de l'étude affirment que l'avionneur ne sera pas en mesure de rembourser les 2,9 milliards d'euros d'aides remboursables versées par les États. » Airbus apporte un démenti formel à ces informations, rappelant les propos tenus en janvier par M. Noël Forgeard, qui avait déclaré que « l'A 380 serait un programme très profitable, avec des bénéfices attendus pour Airbus et EADS dans les années qui viennent ».

> Le **12 avril**, à Nantes, mise en production du futur avion-cargo A 380F. Avec une capacité sans précédent (150 t de fret), une autonomie unique (10 500 km) et le coût unitaire le plus bas de tous les avions, la version « marchandises » de l'A 380 est appelée à devenir la référence sur le marché des gros avions-cargos, en particulier à des-

tination et au départ de l'Asie. Avec 27 commandes fermes et engagements d'achat émanant de quatre clients, l'A380F opère une entrée remarquée sur le marché des avions de transport à grand volume.

> Le **22 avril**, à Blagnac, au cours des essais d'accélération, d'arrêt et de roulage rapide, dépassant la vitesse de 100 nœuds (185 km/h), la roue avant de l'appareil se soulève. Une première émotion pour le nombreux public qui, dans la perspective du premier vol, se presse déjà derrière les grillages de la zone aéroportuaire.

> Le **27 avril**, à 10h29, l'Airbus A380 immatriculé F-WWOW quitte le sol de la piste 32. Aux commandes se trouvent les pilotes d'essai Claude Lelaie et Jacques Rosay, accompagnés par quatre ingénieurs. À 11h40, message radio: « Tout se passe comme sur le simulateur », dit Jacques Rosay. À 14h23, après avoir survolé Bordeaux, l'océan Atlantique et la chaîne des Pyrénées, l'avion se pose à 14h23. Le premier vol a duré 3h54. Les officiels et un public très nombreux ont assisté à l'événement. Parmi eux, les principaux acheteurs des compagnies aériennes, dont les représentants du premier utilisateur (Singapore Airlines) et du plus gros client (Emirates, 43 achats et 10 options). 154 commandes ont été enregistrées à la date du vol inaugural, dont 127 en avion-cargo. Selon certaines sources, les premiers clients bénéficient d'une remise importante sur un tarif unitaire oscillant entre 263 et 286 millions de dollars (de 200 à 220 millions d'euros).

> Le **13 juin**, l'Airbus A380 constitue l'attraction phare du salon aéronautique du Bourget. Présenté aux professionnels dans un premier temps, il est accessible au public, qui peut enfin le voir de près les 17,18 et 19 juin.

> Le **15 octobre**, la communauté d'agglomération du Grand Toulouse offre, le temps d'un week-end (opération rééditée les 23, 30 octobre et 6-7 novembre), une visite gratuite d'AéroConstellation avec circuit commenté, animations, expositions et simulateur de vol. Il s'agit de montrer comment le plus grand site aéronautique d'Europe (264 ha) a été construit en moins de quatre ans à l'occasion de l'assemblage final de l'A380. En 2008, la zone d'AéroConstellation sera raccordée par un tramway à la commune de Blagnac desservie par la ligne A du métro toulousain.

2006

> **Été**, l'A380, son équipage et ses passagers décollent de l'aéroport de Singapour à l'occasion du premier vol commercial de celui que la presse appelle le « géant des airs » ou le « paquebot du ciel ». Destination: Londres-Heathrow.

La galaxie des sous-traitants

Plusieurs centaines d'équipementiers, sous-traitants, fournisseurs de matériaux ont travaillé en Europe (mais aussi en Asie et aux États-Unis) pour l'A380. Pour être exhaustive, la liste des sociétés ayant passé contrat avec Airbus devrait comprendre aussi les spécialistes de l'armement maritime et des équipements routiers, ainsi que les architectes et constructeurs des sites industriels. Leur répartition est concentrée sur les régions Aquitaine, Midi-Pyrénées et Pays de la Loire (Nantes, Saint-Nazaire et Le Mans) ainsi que dans certains « pôles de compétitivité » de plusieurs autres régions de France.

Parmi les firmes aéronautiques impliquées dans la réalisation de l'avion, il convient notamment de citer:

– Thales Avionics (Pessac et Toulouse): cockpit et systèmes de commande.

– Composite Aquitaine: équipements du cockpit.

– Sogerma (Mérignac): maintenance et aménagements intérieurs.

– Messier Dowty (Bidos, Pyrénées-Atlantiques): train d'atterrissage avant, le train principal ayant été confié à la société américaine Goodrich.

– MAP (Serres-Castet, près de Pau): structures à la jonction des ailes et du fuselage.

– Potez Aéronautique (Aire-sur-l'Adour, Landes): partie du nez et de la trappe avant.

– EADS Socata (Tarbes): jabot (structure inférieure du nez).

– Latécoère (Toulouse et Gimont, Gers): portes et fuselages.

– Asquini (Marmande, Lot-et-Garonne): pièces mécaniques de grande dimension.

– Creuzet aéronautique (Marmande, Lot-et-Garonne): nouvelles technologies spécifiques.

– Rockwell-Collins France (Blagnac): intégration de la fonction ACR *(Avionics Communication Router)*.

Ces sociétés font elles-mêmes travailler leurs propres sous-traitants. Les compagnies clientes confieront aussi leurs aménagements intérieurs à leurs propres fournisseurs. Si bien que les entreprises et les salariés intervenant dans le monde pour l'A380 à un titre ou à un autre forment une « galaxie » difficile à résumer en chiffres avant les premières années d'exploitation.

Table des matières